美的日用品

現在就想使用的日本好東西

CLASKA Galler&Shop“DO”選品

封面的木碗插畫，是由菲利浦．威茲貝克所繪製，印在店鋪紙袋上的圖案，深具代表意義，是DO的象徵圖騰。

關於本書所刊載之商品相關資訊及詢問，請洽：
CLASKA Gallery & Shop“DO”本店
聯絡電話：03-3719-8124
官方網站：do.claska.com
網路商店：www.claskashop.com

CONTENTS

總店的店內一隅。店裡擺滿了各式各樣的商品，從懷舊氣息的傳統工藝品，到新銳作家的作品一應具全 。

如何過生活

位於東京都目黑區的旅館「CLASKA」，在2008年設立了CLASKA Gallery & Shop "DO"。店裡的陳列是由總監大熊健郎所構思，以貼近「現在的生活」，而且是Made in Japan爲主，圍繞著食、衣、住的各式「東西」。

不管是吃飯、煮水沖咖啡，生活當中必定無法避免使用「東西」。這些器物並非只是興趣喜好，而是不可或缺的「道具」。在選用這些生活所需的道具時，只要能稍加講究，就可以讓每一天更加美好愉快。而與某件東西的解逅，甚至可能深深的改變一個人的生活。

本書中，我們將介紹由DO精選，琳瑯滿目的「誕生於日本的好東西」。希望大家也能稍稍體會到仔細挑選、用心使用，以及與這些好東西一起生活的喜悅。

創建CLASKA Gallery & Shop“DO”的人們

2008年開店初始的主題是「當代日本」：不論新品或舊物，挖掘出被埋沒的日本價值，挑選出能夠融入現代生活的器物。即使是隨處可見的東西，透過不同搭配組合或使用方式，就能展現不同風情。DO所扮演的，便是提供「嶄新視野」的角色。坐在沙發上最右側的男士，就是擔任總監的大熊健郎先生。而圍繞在他周圍的，則是包含目黑本店的工作人員，以及所有支撐著DO的東京各分店與札幌店等共八家店鋪的店長、副店長們。

CLASKA Gallery & Shop “DO” 選品的訣竅

從日本各地的民藝品到新銳作家現代感十足的手作商品，
店裡各式各樣Made in Japan的好東西都是由總監大熊健郎先生所挑選。
關於他的選品標準或稱祕訣為何呢？其背後所需要的，
正是他長久以來的所見所聞，以及親自觸摸各式各樣物品的經驗累積。

Keyword:
Design

1

抛開「設計」，展現器物本身的魅力。

傳承了人們生活中「實用」意義的器物

九〇年代進入後期時，大熊先生經由友人介紹而得知《少年民藝館》一書。此書的作者，正是談到日本的民藝運動時，不能不提的重要人物——染織藝術家外村吉之介。

當時，正是國外設計師設計，富有設計意識的生活用品與家具風靡日本的時期。然而，在此書當中所介紹的，可以說是與潮流背道而馳，在生活中背負著「實用」意義，幾近「反設計」的生活用品與民藝品。不分日本或外國，以作者外村的眼光，選出了能體現「實用之美」的器物。

「因為這本書，讓我重新發現日本的器物與手工製作的魅力。DO經手的東西雖然以日本製品為主，但我們也會選購擺在一起不突兀的進口器物。在區分是外國製或日本製之前，重要的是以持平的態度來觀察器物本身，就是這本書教會我這個概念的。」

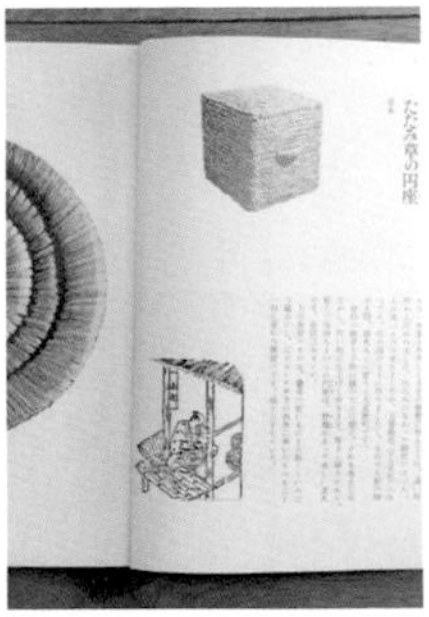

《少年民藝館》外村吉之介 著
筑摩書房 出版

1984年用美社發行。從世界各國蒐集而來的民藝品，藉由作者以其獨特的角度闡述它們背後各自「形狀的意義」，同時將各個不同文化的生活躍然紙上。2011年由筑摩書房再版。日幣4000圓，稅另計。

Keyword :

Handcraft

2

手 作 魅 力 無 國 界

從北歐民藝學到的事

那是二〇〇〇年初，我還在前一份工作的家飾店幫忙，到北歐瑞典選購家具時所發生的事。地點就在瑞典南部的城市馬爾默（Malmö），當時我進到一間骨董店，首先映入眼簾的是一個玻璃製菸灰缸。這就是我第一次與雕刻家兼玻璃設計師艾瑞克．荷格隆德的作品相遇的瞬間。

「厚實的玻璃帶著強而有力的存在感，同時還感受到一絲幽默，我深深被它吸引。問了那間店的老闆，才知道是一位叫艾瑞克．荷格隆德的設計師產於五〇年代的作品。我從他輕鬆自然的呈現方式中，感受到原始的美，以及手工製作的溫度，可說與我當時的感受度巧妙地契合。從那之後，我把找家具的事放一邊，到處尋找荷格隆德的作品。」

瑞典行之前，我透過《少年民藝館》隱約察覺到，看待圍繞生活四周的「器物」的新視角。而這次的經驗，便是這個新視角在我心中變得更加明確清晰的瞬間。

艾瑞克．荷格隆德（Erik Hoglund）

在斯德歌爾摩學習雕刻後，以設計師身分進入BODA公司。從他蘊育自北歐傳統文化，原始質樸的作品風格中，讓人充分感受到手感溫度，為玻璃工藝注入一股新風潮。艾瑞克．荷格隆德逝世於1998年。

Keyword :

Made in Nippon

3

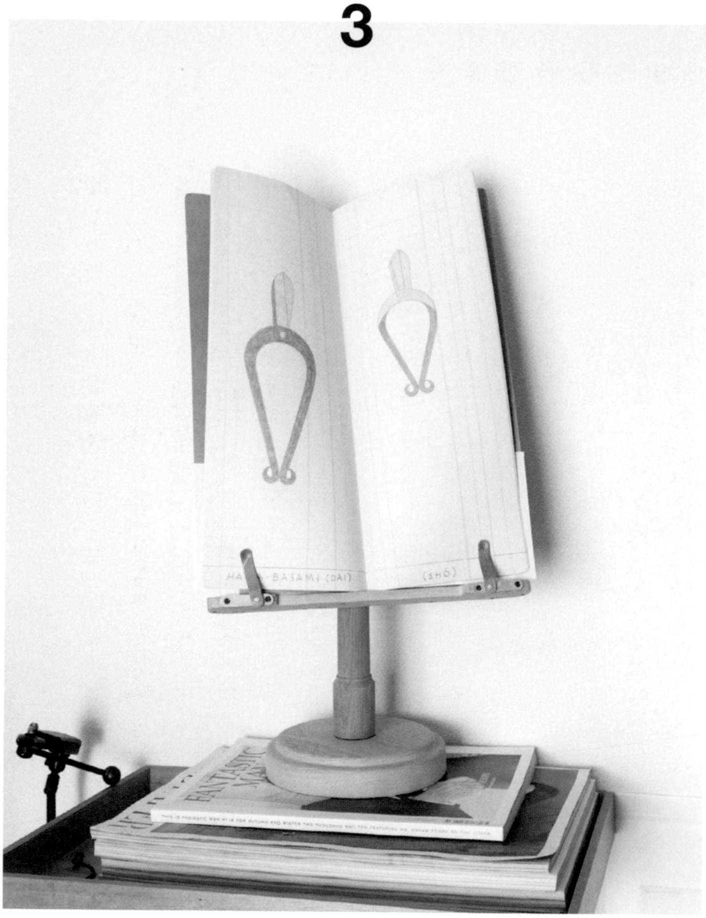

拉開一些距離，眺望日本的器物。

教會我「日本器物」之美的一本書

日常生活中司空見慣的普通東西，在某個瞬間倏地轉變成了特別的存在。

法國藝術家菲利浦・威茲貝克，是在大熊先生被問到對於DO而言，影響店鋪創建最深的關鍵人物時，會最先提起的名字。威茲貝克於二〇〇三年推出的作品集《Hand tools》當中，圖繪了他在京都接觸到的日本器物。而大熊先生則是透過這本作品集，發現了一件與日後DO的店鋪理念吻合的事。

「對日本人而言，這些傳統職人所做的道具觸手可及，但不會想到可以拿來作為創作靈感。藉由威茲貝克的視線，竟能看到令人驚奇的新鮮魅力。」

我們已知的日本傳統工藝品及生活用品也是，隨著使用或擺放的環境不同，就能散發出不為人知的魅力。DO的經營理念，就是希望提供像這樣的「嶄新視角」，讓大家能重新發現日本。因此店裡陳列的商品，都是以這樣的想法來挑選。

菲利浦・威茲貝克
（Philippe Weisbecker）

1942年出生於法國。1966年畢業於法國高等裝飾藝術學校。1968年移居紐約，從事藝術、插畫活動，現在則將據點轉回巴黎，並曾在DO舉辦過三次作品展。

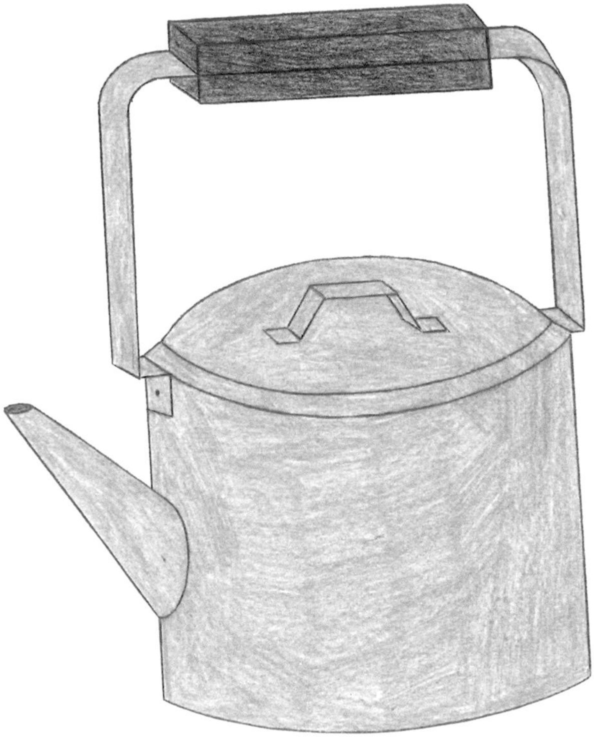

KETTLE

STANDARD

DO的常備經典商品21品項

從體現「實用之美」的民藝品到新銳作家所創作的最新Made in Japan作品，DO店裡陳列的是跨越時代、打破類別的日本良品。首先要介紹的是，對DO而言相當於永久典藏版，而且全部是由總監大熊健郎先生所挑選出的21件經典必備商品。它們一件一件都有成爲經典必備的原因，以及忍不住想要與其他人分享的幕後故事。

文＝大熊健郎
（CLASKA Gallery＆Shop“DO”總監）

Studio GALA
HASHIKATSU-HONTEN
KUTANI YOSHIMI GAMA
IKKEI NINJYO
HOKEN
raregem
F/style
POSTALCO
NODA-HORO
SAHARA-HARIKO
KIMIKO MATSUZAWA
KEIJI OTANI
KOBO-AIZAWA
HORIKOSHI-GAMA
ANDO GALLERY
minä perhonen
AZMAYA
SHOES LIKE POTTERY
SHOTOKU GLASS
KUTANI-SEIYO
YUKO SAKOU

Studio Gala／常滑急須茶壺

Studio Gala "TOKONAME-KYUSU"

STANDARD

1

比起日木茶、焙茶，泡香氣重的中國茶時，會更能體會急須茶壺的美好。使用越久表面的光澤會越明顯，這也是養壺的箇中樂趣。

Studio GALA "TOKONAME-KYUSU"

擁有「成熟面孔」的產品

「既然你經營的是販售日本器物的店，對茶道多少有基本的了解，對吧。」常有人這樣問我，或是揶揄，或是建議。因爲個性散漫，導致我遲遲無法跨出那一步。即便是這樣的我，平常可以放鬆享受的就是中國茶了。之前參加過中國茶的活動後，就徹底迷上它。在喝中國茶的時候，最常用的茶壺就是Studio GALA的常滑急須※。

Studio GALA，是由設計師小林良一先生所主導的品牌。雖然現在產地與設計師結合的風氣盛行，但小林先生早在八〇年代初期就開始與日本各地職人合作，以先驅者之姿，一直延續現有的創造生產模式至今。小林先生並非急就章地硬將設計強加在傳統工藝或傳統產業上，而是與職人、與材料進行深度對話後消化吸收，再將他自身長期累積培養，對設計、骨董等廣泛的知識與美感品味灌注其中。歷經小林先生獨到的程序而誕生的產品，貨眞價實地擁有「成熟面孔」。

器物本身的形態當然重要，然而每當手捧Studio GALA的產品時，不禁令人再次思考「器物製作過程的形態」凌駕一切的重要性。

※急須即是泡中國茶的小茶壺。

BRAND DATA

Studio GALA

1982年，由小林良一主導的品牌開始營運。將日本各地傳統工藝常用的技法與材質，以符合現代生活需求的方式提供各式高品質的商品。
http://studio-gala.com

「常滑急須」茶壺（黑色、褐色）W138×D28×H62mm／各日幣7800圓，稅另計。第18頁中的其餘器皿皆為私人物品。

箸勝本店／吉野杉赤染散裝利休筷

HASHIKATSU-HONTEN “YOSHINOSUGI-AKAZOME-BARARIKYUBASHI”

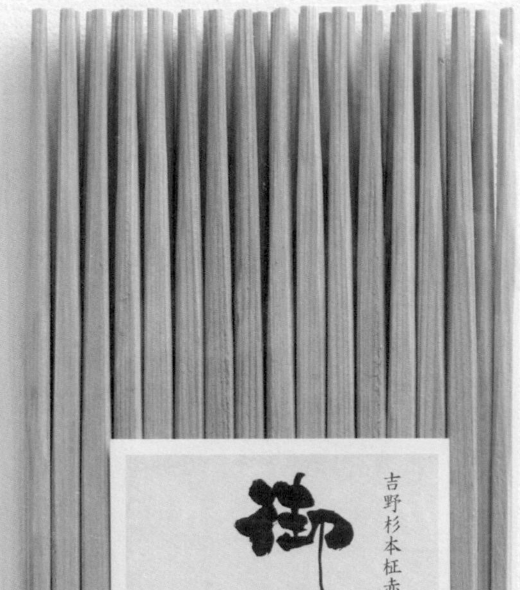
吉野杉本柾赤染バラ利久箸
御箸
十八膳
宮内庁御用達
箸勝本店
謹製
大福帳

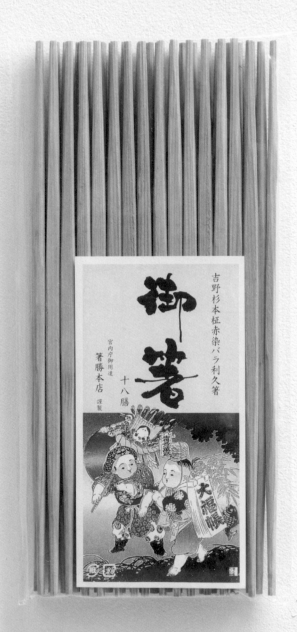

每次邀請朋友來作客，
家裡就會多幾雙筷子。
或當料理筷，或是自己
用餐時使用，都能盡情
享受它的美。

HASHIKATSU-HONTEN "YOSHINOSUGI-AKAZOME-BARARIKYUBASHI"

利休鍾愛的筷子

我最喜歡在寒冷季節來臨時，找三五好友到家裡圍爐。大家一起圍坐在熱氣蒸騰、咕嘟咕嘟滾沸的火鍋前聊天，這樣的時光太棒了。在如此愉快的時光，大展身手的，就是這雙箸勝本店的吉野杉赤染散裝利休筷。

這雙筷子最大的魅力，莫過於它利落的身形。筷子一拿出來，傳來一縷杉木香氣；筆直的吉野杉木紋，營造出清新舒爽的氣氛。

兩頭較細的外形，據傳是千利休爲了茶懷石※所構思。如此一說，的確可以感受到茶會上肅然凜冽的氛圍。毫不奢華，卻氣質高貴。

當然，它的重點不止於外形，還有輕巧好拿，容易使用，以及與嘴巴相接時的觸感十分柔和。筷子不像刀叉，它與唇、齒、舌直接接觸的機會很多，因此觸感是左右味覺的重要因素。只要搭配這雙筷子，必定能讓任何料理升級。眾多知名餐廳會提供利休筷給客人使用的原因，實不難理解。

※茶會上提供的料理。

BRAND DATA

箸勝本店

原本是位於奈良縣吉野郡，經營以吉野杉與檜等木材的批發老店。1910年後，隨著免洗筷的需求增加，開始在大阪、京都、東京等地販售吉野郡下市町特產的免洗筷。
www.hashikatsu.com

第20頁「筷子與筷套」（筷子12雙、筷套20個一組，含外盒）
日幣3000圓，稅另計。第21頁「吉野杉赤染散裝利休筷」18雙／日幣1200圓，稅另計。第22頁，器皿為私人物品。

九谷吉臣窯／山茶花鉢

KUTANI YOSHIMIGAMA
"SAZANKA-BACHI"

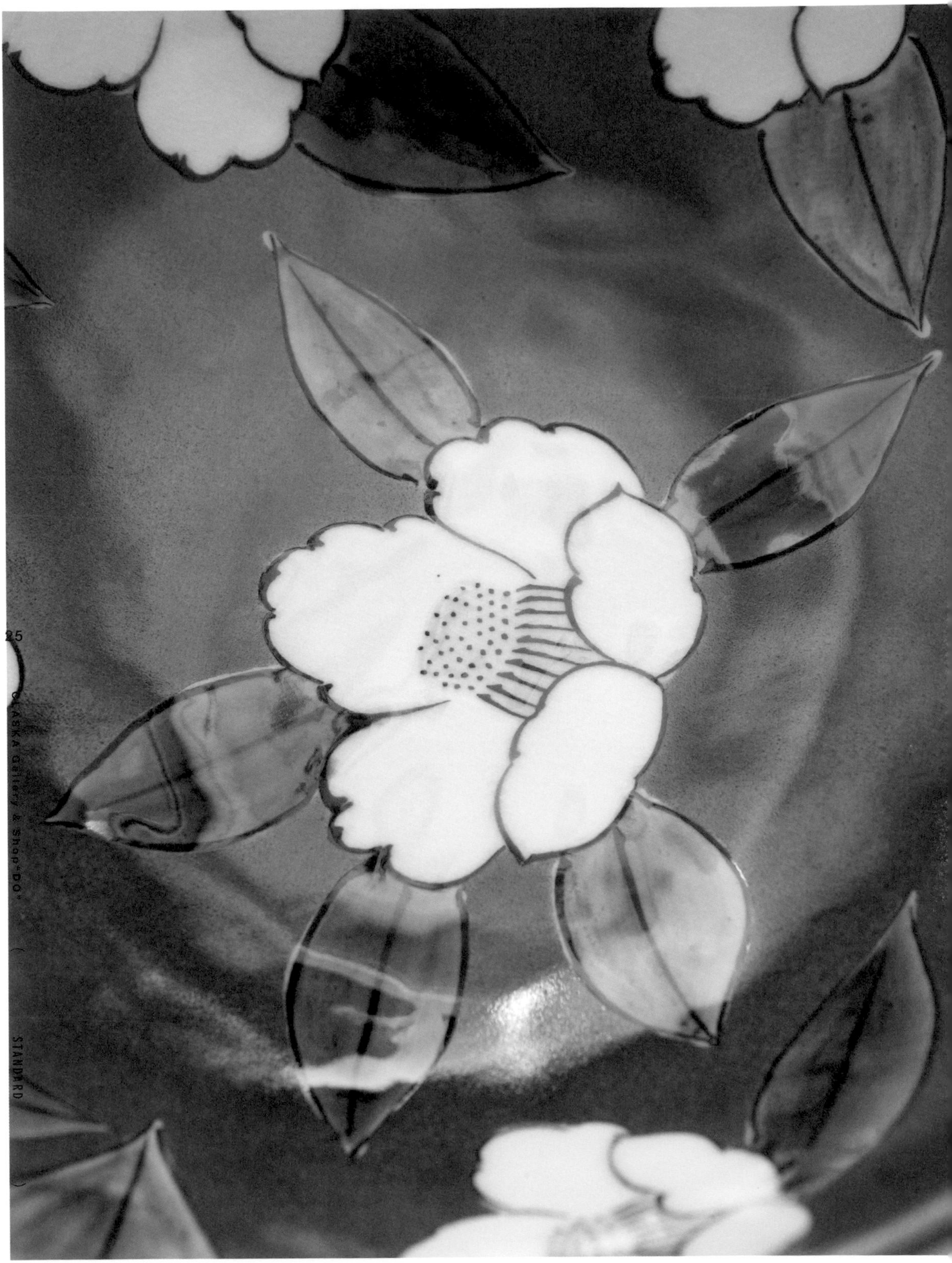

像這樣隨意放在窗邊，
就是一件精彩的家飾。
正是如此充滿現代感的
生活場景，更能使傳統
的花樣大放異彩。

KUTANI YOSHIMIGAMA "SAZANKA-BACHI"

時而豔麗大膽

火紅的朱赤色基底上描繪著朵朵燦爛的山茶花，這華麗奔放的九谷燒鉢盤，是從DO開幕初始販售至今的長銷商品之一。

或許有不少人對九谷燒彩繪瓷器的印象，是逢年過節時才使用，奢華的非日常器皿。我第一次看到這個器皿時，也被它圖案的氣勢與強烈色彩重擊，深受吸引。當時也想過，要在DO販售，它的「豔麗感」稍重了點。但我試著在腦中想像了一下，把這個小鉢擺在天然的木桌上，於是浮現出一幅很棒的景象。像這樣東想西想地做出各種想像，也是販賣器物這份工作的樂趣之一。實際擺放之後，發現到因爲色彩對比強烈反而爲整個空間帶來躍動感，原本覺得過於豔麗的部分竟然幫了大忙，就像是一朵花盛開般。

「侘寂之美」當然很好，但繩文陶器式爆發性十足的造形，以及琳派大膽的圖象用色與設計，也存在日本人所傳承的美感基因之中。我重新體悟到，眞正重要的是，採用的方式，以及器物與空間的協調平衡。

BRAND DATA

九谷吉臣窯

1963年創業。目前的負責人德田修為第三代。他們以「將傳統的九谷燒推上世界級品牌」為主題，運用傳統技術，做出能融入現代生活的器皿。
http://kutaniyoshimi.com

「山茶花鉢」W255 ×D215×H70mm／日幣9500圓，稅另計。

仁城逸景／漆碗

IKKEI NINJYO "URUSHI-WAN"

雖然許多人傾向把它保留在特別的日子使用而束之高閣，但我非常建議天天積極地使用它。它會逐漸增添美麗的光澤，讓人親身體會使用器皿的喜悅。

IKKEI NINJYO "URUSHI-WAN"

與木頭對話，以雙手思考

還記得中學時期，在英文課學到瓷器的英文是「China」，漆器是「Japan」，當時我還爲此莫名地開心。然而年輕時，我並不是很喜歡漆器。那被妝點上鮮豔的朱紅或黑色光澤的碗，總覺得有些無法融入現代的生活。我一直對漆器存有這樣的印象。

後來對漆器的想法有所改變，是因爲讀了谷崎潤一郎的隨筆《陰翳禮讚》。書中寫道，漆器的豔麗，越在行燈或蠟燭光線矇矓照亮的房間裡，越能發揮它眞正的價值。這下我才恍然大悟，在白天也微暗的傳統日本住宅中，那樣的鮮豔色澤想必能恰到好處地與空間調和。

仁城逸景先生的漆器一旦出現面前，自然而然會讓人想要伸出手，確認捧在手心的感受。除去奢華裝飾，十分簡約的漆碗，初生般的溫潤與端莊隆重的存在感共存，洋溢著不可思議的光芒。他的師父同時也是父親仁城義雄的漆器創作基本理念，是小心使用木頭，這個自然的恩惠。珍愛木頭，與木頭對話，同時以「雙手」思考創作。所謂「健康之美」，指的就是這樣被製作出來的東西吧！

PROFILE DATA

仁城逸景

師事位於岡山縣、父親仁城義雄的工坊，將父親的創作風格融入自己絕無僅有的作法所創作的器皿，有著獨特的溫柔風味。年僅20多歲的他，將來必定受到注目。

第28頁「漆碗」右起 Φ 110 × H65mm／日幣6500圓，稅另計。Φ 120 × H80mm／日幣8000圓，稅另計。Φ 120 × H65mm／日幣6500圓，稅另計。第30頁圖中櫃內器皿皆為私人物品。

HOKEN化妝品／蜂蜜化妝品

HOKEN "HONEY COSMETICS"

hōken
TRADE
MARK
Honex
SOAP

眾多商品中，特別推薦給女性的是這款面膜。使用後隔天即達到最佳膚況！請務必在重要日子的前一晚使用。

HOKEN "HONEY COSMETICS"

蜜蜂研究人員製作的化妝品

HOKEN化妝品創辦人的孫女，也是負責公關業務的古屋和美小姐，對DO而言，是家人般的存在。在各店舉辦的活動總是率先站在店裡，以完美肌膚作爲最大的宣傳武器的她，是最佳銷售員。開朗又細心照顧他人的她，周圍總是歡笑不斷，最近甚至還開始成爲工作人員談心的對象。我想，她說不定比任何人都要了解DO的工作人員。

今年將迎接創業第八十七年的HOKEN化妝品的起源，是原本從事蜜蜂研究工作的創辦人，爲研究蜜蜂與圍繞蜜蜂的環境而親自養蜂的過程中，著手開發運用富含維他命與礦物質的蜂蜜、蜂王乳特色的美容商品。公司名稱HOKEN（蜂研），顧名思義是取自公司起源的蜜蜂研究。

完全使用國產蜂蜜，對費時製造的刮毛膏、蜂蜜皂愛不釋手的眾多愛好者，不乏祖孫三代都愛用的家庭。這就是信賴的證明。經典而清新的包裝，也是其中一項魅力所在。如果你也認爲每天與肌膚直接接觸的保養化妝品，更該使用優質而安心的產品，十分推薦HOKEN化妝品。

BRAND DATA

HOKEN化妝品

1927年，創辦人一邊親自養蜂，一邊進行蜜蜂與圍繞蜜蜂環境的研究而誕生的品牌。「蜂蜜．蜂王乳霜」發售80多年來，一直深受喜愛。
www.ho-ken.co.jp

第32頁「HONEYX刮毛膏」60g／日幣1800圓，稅另計。第33頁「HONEYX蜂蜜皂(大)」80g／各日幣850圓，稅另計。第34頁「BEE-MAX面膜」1片裝／各日幣600圓，稅另計。

raregem／皮革波士頓包

raregem "LEATHER BOSTON BAG"

女性背在身上也能保有
優雅的形象，完全是因
為使用了上等皮革，謹
慎用心地製作而成。是
一款讓人想在日常生活
中天天使用的單品。

raregem “LEATHER BOSTON BAG”

時尚的銀行搶匪包

第一次跟raregem的西條賢先生碰面，距今已經十二、三年。當時在散步的途中，發現到某間店門口停了一台沒看過的Runbretta機車。透過玻璃窗往店裡一看，骨董沙發、木製家具、眞空管擴大機跟大型音響喇叭、陶器玻璃、刷子類的商品等，自然不做作地被四處擺放著。打開門後，從店內深處走出來的，正是西條先生。

賢先生（我平常是這樣叫他的）外表看起來像隻灰熊，其實是非常纖細敏感的人。他在製作東西的時候，手法上有自己貫徹的堅持。雖然也有麻煩的時候，但作爲對他的品味感知必要的信賴代價，這個部分我們甘之如飴。畢竟身爲創作者，不夠敏感是無法做出好東西的。

DO草創期，有一次我去他工作室的時候，在某處角落看到了這只波士頓包。完全不思考銷售，想到什麼就動手去做，這就是賢先生的風格。我對這只波士頓包一見鍾情，就請他讓我們販售。

雖然有著「銀行搶匪」這個引人側目的名稱，但怎麼看都充滿了時尚又優雅的氛圍。這個危險的命名或許是賢先生掩飾難爲情的方式吧？

BRAND DATA

raregem

由西條賢主導的設計品牌。小至零件到家具、室內空間、包包等產品，涉獵範圍非常多元。自家工場生產的每件東西，都散發著獨一無二的魅力。
www.raregem.co.jp

第36頁「LADY ROBBER」Black W330×D120×H180 mm／日幣3萬8000圓，稅另計。第37、38頁「BANK ROBBER」Black W460×D180×H280mm／日幣4萬圓，稅另計。第38頁模特兒服裝皆為私人物品。

F/style ／ 藤籃

F/style "RATTAN BASKET"

可以當作家飾類小東西收納籃使用，或可放置洗衣區。恰到好處的隨性，為生活注入一股舒適的氣息。

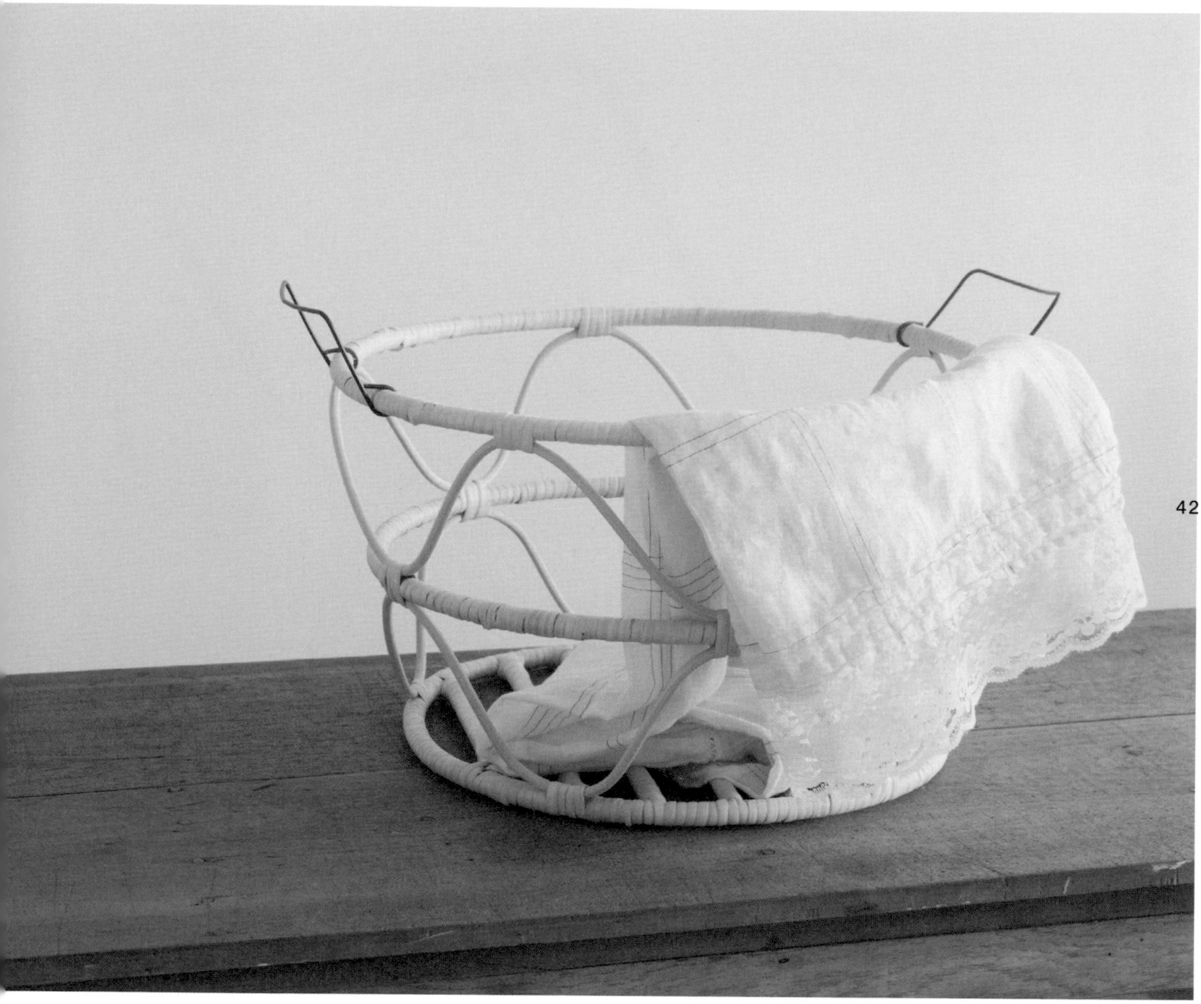

F/style "RATTAN BASKET"

製作應有樣貌的設計

最近，日本各地開始重新檢視傳統工業、地方產業，並舉辦各種活化推廣的活動。在這之中，往往很容易流於僅是高喊「傳統！在地！」雖說是傳統工藝，其實也是產業的一種，是商品。製作者、販賣者，以及購買的使用者之間如果未能建立起持續長久的關係，就與其他各樣商品一樣，會逐漸消失。

五十嵐惠美小姐與星野若菜小姐，兩人在新潟縣所創立的F/style，是從商品企畫到販賣都一手包辦的公司，也是品牌。從第一次見到F/style開始，對於他們製作的方式就很有共鳴，十分憧憬。他們積極地與傳統產業連結，同時思考如何提供能夠生動地活躍在現代生活中的商品，開發銷售通路，讓整個產業能夠繼續維持。正因爲他們一直以來，做法獨特，無法用「F/style」之外的言語形容，透過認眞但自然原始的方式來實踐。

照片中的籃子，是由明治時期創業至今的山形的藤製品製造公司所作。柔韌的藤枝描繪出的線條，保留了懷舊的氣氛，卻也極具現代感。對照其他F/style商品的共通點，就是簡單、清新的溫和氣質，總能給人無比的療癒慰藉。

BRAND DATA

F/style

由五十嵐惠美與星野若菜在2001年創立於新潟縣。以「除了製造以外，嘗試去做商品流通所需的一切。」為座右銘，從設計提案到開發通路，一連串工作一手包辦。
www.fstyle-web.net

第40頁「藤籃」W545×D400×H190mm／日幣1萬2000圓，稅另計。第41頁、42頁「波形籃」Φ385×H235mm（不含把手部分）／日幣1萬圓，稅另計。第42頁白色棉洋裝為參考商品。

POSTALCO / 皮革製品

POSTALCO "LEATHER PRODUCTS"

這是我愛用的公事包與記事本套。扎實的印象之外，帶有一絲莫名的幽默感的單品，完全是成年人的日用品。

POSTALCO “LEATHER PRODUCTS”

探究日常生活中的「行為」

POSTALCO的麥可先生的創意，總是讓我驚奇不已。我自己也愛用的公事包，誕生祕辛更是精彩。起因是來自一張照片。

那是由攝影師阿諾．紐曼（Arnold Newman）所拍攝的物理學家歐本海默的肖象照。打著領帶的歐本海默，一手拿著菸坐在桌前，就只是這樣的一張照片，但對麥可先生而言：「他恐怕是非常認真的個性，拍照這件事讓他有點不耐煩，一心只想趕快回去工作。下一秒馬上站起身，手上拿著包包……」當然，照片裡面並沒有拍到什麼包包。他的想像力，很驚人吧！

POSTALCO是由麥可．艾伯森（Mike Abelson）與妻子友理在紐約布魯克林創立，在東京經營培養的文具、皮革製品品牌。他們將對於「郵件」、「紙」、「運送」的關注，加上對於製作創造的強烈探究心而製作誕生的優質商品，不論日本或海外都有許多愛好者。傳統工藝品旁擺著POSTALCO的商品，協調並陳的景象，可以說是DO希望打造的形象。

BRAND DATA

POSTALCO

2000年，麥可．艾伯森與妻子友理．艾伯森於紐約創業，現在他們將舞台轉移至東京。兩人企畫設計的產品，由日本職人製作。
http://postalco.net

第44頁「Long Wallet」Black W195×H95mm／日幣3萬8000圓，稅另計。第45頁上起順時鐘方向「Travel Wallet」Light Green W270×H130mm／日幣1萬6000圓，稅另計。「Card Holder」Signal red．Black W110×H69mm／各日幣1萬圓，稅另計。「Calendar Cover for『超』整理手帳」Cobalt Blue W225× H95mm／日幣2萬3000圓，稅另計。第46頁皆為私人物品。

野田琺瑯／TUTU

NODA-HORO "TUTU"

NODA HORO
MADE IN JAPAN.

發揮不易沾附味道的特色，可作為味噌等調味料的保存罐。簡約美麗的設計，在發揮實用價值之餘，也成了廚房最棒的擺飾。

NODA-HORO "TUTU"

外貌姣好的模範生

開始對琺瑯這種材質產生興趣，是從小……並不是，是成年後對北歐的設計開始感興趣之後。在斯德哥爾摩的骨董店與正紅琺瑯雙耳燉鍋相遇，是我喜歡上琺瑯的契機。

創造出無數人氣琺瑯製品的野田琺瑯創立於一九三四年，是日本屈指的老牌琺瑯製造品牌。從二戰前到戰後，經歷了高度經濟成長、劇烈變化的泡沫經濟崩壞時期，他們持續推出適合時代所需的商品，安然度過時代變遷。至今，野田琺瑯仍然持續製作出引起許多人開始關注琺瑯魅力的產品。

結合金屬耐用與玻璃抗菌的特性，琺瑯是相當符合衛生考量的材質，用途廣泛。在這當中最能發揮它最大價值的，就是保存容器。耐酸、不易沾附味道，更能在不改變風味的情況下，讓食材熟成為更細緻柔和的味道，它的實用價值數不盡。不只調味料，也很適合作為茶葉或咖啡豆、漬菜的保存容器，簡直是萬能。與此同時，它的外形卻是如此乾淨而有溫度，很容易就忘了它是金屬製品，非常不可思議。

BRAND DATA

野田琺瑯

自1934年創立於東京以來，70多年來專心一致地製作琺瑯，是日本最具代表性的琺瑯品牌。從招牌的保存容器、調理用具到鍋具，製作出琳瑯滿目各種類別的日用品。
www.nodahoro.com

第48頁「TUTU（筒）」（S）Φ116×H93mm 0.8公升／日幣2500圓，稅另計。（M）Φ116×H140mm 1.2公升／日幣3200圓，稅另計。第50頁小雜貨皆為私人物品。

佐原張子 ／ 招財貓

SAHARA-HARIKO “MANEKINEKO”

曠世奇才所製作獨一無二的張子紙偶

圓滾滾的雙眼向你招手，和氣迎人的模樣，有著絕妙的傾斜弧度。蘊藏著這股無法言喻憐愛感的招財貓，是出自千葉縣香取市佐原，從事張子紙偶製作的鎌田芳朗先生之手。

我跟鄉土玩具雜誌專欄作家川端正吾先生，在某次關於企畫展的討論會議上，在川端先生精心挑選的收藏當中，發現一隻大放異彩的張子牛偶。比起原始這個形容，我必須很沒禮貌地說，醜是更爲貼切的字眼。但大膽筆觸描繪的圖案，帶著妙不可言的討喜可愛，緊緊地抓住人心。乍看以爲是小朋友的作品，沒想到是有五十年經驗的資深老手所做。這就是鎌田先生的張子紙偶。

鎌田先生笑著說：「我從小就對圖案繪畫的工作很不拿手，就這樣一路做了五十年，還是一樣不拿手。」據本人說，最初因爲是家族事業，心不甘情不願地開始幫忙。而後他原創的「搗餅兔」被選作賀年明信片的圖案，甚至獲得佐原傳統工藝的榮譽。現在則因爲體驗教室等工作，過著忙碌的每一天。雖然很想委託他製作招財貓，但是他一直沒空幫我做，這大概是瑕不掩瑜的唯一缺點吧！

BRAND DATA

佐原張子

創立於1918年，製作流傳於千葉縣佐原地區（現為香取市）的人偶玩具「佐原張子」。1987年被列入千葉縣指定傳統工藝品。現為創立者之孫鎌田芳朗繼承祖父之業。
http://www007.upp.so-net.ne.jp/sawarahariko

W80×H120mm（每件作品有些許差異）／各日幣2000圓，稅另計。

松澤紀美子／布製品

KIMIKO MATSUZAWA "FABRIC WORKS"

各種大小的雜物包，分別拿來當裝菸、名片及眼藥水用的包包，是我個人愛用商品。軟趴趴的布料，相當可愛。

始終如一，作工仔細

中間鋪一塊厚點的布料，上下夾了兩塊，將總共三塊布縫在一起做成圓杯墊。看似應該已經存在卻前所未見，這是petit cul松澤紀美子的小小代表作。「客人來訪時會倒茶或倒水，所以杯墊是必需的。杯墊就像是請客人坐的坐墊。是款待客人的一部分，也有吸收水滴的功用，又肩負了決定玻璃杯或茶杯位子的角色。」松澤小姐在製作東西時，總是有「必要性」這個理由。

松澤小姐曾在麻布十番經營古道具與甜點店「petit cul」。我非常喜歡骨董及甜點，很常去她店裡。每次去的時候，那小小的空間裡，松澤小姐細緻的世界無限蔓延，總是讓我驚豔不已。店裡陳列的古道具、美味甜點、盤子與刀叉，一切都是如此協調平衡，就像藝術一般。之後她將店遷移至早稻田，至今已經過了約十年。

松澤小姐的工作是非常細心周到的。她對自己用有愛的嚴格眼光所挑選出來的布，謹慎地思考使用的方法、表裡的處理，花了很多會令人驚訝的工夫來做。被她選上的布一定很幸福！

PROFILE DATA

松澤美紀子

她在東京早稻田開設店鋪兼工作室「petit cul」，以製作原創布製品為主。從杯墊到包包，各式各樣的單品，一件一件手工縫製。

第54頁「杯墊」Φ105×8mm／各日幣1200圓，稅另計。第55頁「雜物包」W160×H110×D30mm／日幣3500圓，稅另計。第56頁小雜貨皆為私人物品。

STANDARD

12

大谷敬司 ／ 圍巾

KEIJI OTANI “STOLE”

STANDARD

12

不分季節都會需要「披件東西」，好想要有一件高品質的單品。時代改變卻永不褪色的簡約設計，一定是「看似應該已經存在，卻前所未見的東西」。

KEIJI OTANI "STOLE"

源源不絕的創意

最近，我開始會接到廠商及創作者各種商品的提案。一方面非常高興，但也免不了感到困惑。之所以如此，是因爲採購這個身分，基本上有「獵人」的特質。不希望是別人把東西交到我們手上，而是自己去挖掘獵物，心底潛藏了這樣的想法。很麻煩的人種對吧！

某天，我收到一本作品集。作品跟呈現方式都很精練細緻，留下很深刻的印象，但太忙一直沒有回覆，就這樣過了一段時間。一段時間後，發生了很驚人的事，我又收到同一本作品集。這就是我跟大谷敬司先生作品的邂逅。

大谷先生在東京學習平面設計後，到倫敦學習染織技術，除了布料設計之外，他也是熟知日本各織物產地的專家。爲了引導產地的技術發揮到極致進而成爲商品，過程所需的創意與創作能力，總是讓人驚豔不已。傳統技術與嶄新創意及品味結合而誕生的產品，品質高且極具現代感，會令人看得目不轉睛、深受吸引。

PROFILE DATA

大谷敬司

主導布織品牌「La＋h」。2010年開始，結合日本獨有的傳統技術與新技術產生的高品質織品品牌。生產堅持日本製made in Japan的原創布織產品。
http://lath-lath.com

「麻・羊毛圍巾」W1900×D850mm，毛62%，麻38%／各日幣1萬300圓，稅另計。第60頁模特兒服裝皆為私人物品。

相澤工房／直筒燒水壺與牛奶鍋

KOBO AIZAWA "STRAIGHT KETTLE" & "MILK PAN"

STANDARD

13

可愛的牛奶鍋有著宛如松鼠尾巴般的把手。用它來溫牛奶、沖煮咖啡拿鐵，很日常的習慣，也能因為它成就特別的時光。

KOBO AIZAWA "STRAIGHT KETTLE" & "MILK PAN"

真正的「簡單」，是什麼？

出差的時候，閒晃到地方百貨公司的生活用品賣場時，設計非常美的直筒型水壺映入眼簾。俐落的鍋嘴與簡潔的圓筒型壺身，簡單的風格中有著如北歐設計般的雅致感。最令人驚訝的莫過於這是日本一家名爲相澤工房的品牌所生產的東西吧！

相澤工房是一家位於以製作金屬西式餐具而聞名世界的新潟縣燕市的老牌道具店。他們秉持著「爲了製作功能與美感兼具的道具，必須盡可能減少的就是裝飾」的理念，不斷生產優質的廚房道具。

這裡所介紹的直筒型水壺與牛奶鍋，都有著現代之美的設計，但直筒型水壺其實已經發售超過十年了，牛奶鍋甚至超過二十五年，這兩樣都是長銷型商品。向製造公司詢問究竟是請誰設計的，得到的答案竟然是現任會長與顧問兩人所設計。領導公司的人，投注了自己的情感與熱情，開發出這樣的產品，這是多麼令人開心的事。

正因爲是日常的道具，更讓人期待是既好用又好看的東西。而這兩件商品不正是最好的範本嗎？

BRAND DATA

相澤工房

1921年創業於以生產金屬製西式餐具傲視世界的工業都市新潟縣燕市。重視以手動機械與手工製作並行的製造方式，製作每天生活中慣用的器具。
www.kobo-aizawa.co.jp

第62頁「直筒燒水壺」Φ160×125mm（把手部分除外）2.34公升，適用IH200V／日幣7400圓，稅另計。第63頁「雙鍋嘴牛奶鍋／13cm」Φ130×H233mm／日幣6500圓，稅另計。第64頁小物件皆為私人物品。

堀越窯／研磨缽

HORIKOSHI-GAMA "SURIBACHI"

將菠菜直接加入磨好芝麻的研磨缽裡拌勻，端上餐桌。放在用來歡迎朋友而特別準備的餐桌上，自然地散發出存在感，是一件體現「實用之美」的餐具。

HORIKOSHI-GAMA “SURIBACHI”

平實的地方所產出的味道

就在開店前不久，我到位在本州西部的中國地方旅行。在那裡與住在當地的朋友見面，向他打聽有沒有可推薦的當地產品，他拿了一個自己老家裡用的研磨缽給我。深且圓厚的形狀，加上黑褐色的釉藥，讓人不由得感覺非常有味道。他告訴我這是堀越窯的研磨缽。

堀越窯所在的防府市，位在山口縣的中南部，向著瀨戶內海，民風非常淳樸平實。當我去拜訪靠近海邊、位於一座小高丘的半山腰的窯時，前來迎接我的是一看就知道爲人溫和的窯主安澤秀浩。這座窯似乎從明治時代就開始製作生活器皿，已經超過一百三十年了。過去好像主要製作大型的壺與瓶等，但現在光是做這些研磨缽就做不完了，安澤秀浩對此只能抱以苦笑。

是因爲不可或缺的緣故吧！研磨缽的邊緣不但加厚了，搭配圍了一圈帶狀的造型非常有個性。實際使用之後，才知道正因爲有深度，研磨時才不會飛濺出來。消光的釉藥讓這個器皿顯得沉穩，反而更具現代感。當作餐具就這樣盛著菜端上桌也好看，讓人想到就開心。這是一個「一器多用」的實惠研磨缽。

BRAND DATA

堀越窯

1882年創業於山口縣佐波郡（現在的防府市）。使用特有的含鐵成分高的土，釉藥則是使用傳統的黑釉、飴釉、藁白釉、並白釉四色。柔和的曲線是器皿的特色。
www.horikoshigama.sakura.ne.jp

第66頁「研磨缽」從右起，（6寸，黑）　Φ190×H120mm／日幣5000圓，稅另計。（5寸，白）Φ160×H105mm／日幣4500圓，稅另計。（4寸，黑）Φ135×H85mm／日幣2600圓，稅另計。第68頁「白色八角皿」／日幣1000圓，稅另計。「醬油瓶」／日幣1800圓，稅另計。「白色飯桶」／日幣4500圓，稅另計。「鍋墊」／日幣1500圓，稅另計。

安東藝廊／葛西薰月曆

ANDO GALLERY “KASAI-KAORU CALENDER”

May, 2014
Sunday

一般來說月曆很難融入室內裝潢，但不愧是葛西薰的設計，如圖所見這個月曆並未太過張揚，反而是若無其事地展現出個性。

ANDO GALLERY "KASAI-KAORU CALENDER"

名作的背後有製作人

在家飾店從事採購工作的時候，安東藝廊的安東孝一打電話跟我說：「我做了月曆，請你看一下。」安東藝廊是一家收藏當代藝術作品的藝廊。月曆？我還記得很清楚，相較於當時聽起來半信半疑的我，不知道爲什麼安東孝一的聲音聽起來卻是那麼的肯定。

設計這個簡單月曆的是葛西薰，是經手過許多廣告、廣告影片和書籍設計的藝術總監，擁有許多非常支持與認同他作品與世界觀的愛好者，我也是其中之一。製作這月曆的契機是，葛西薰提到「找不到想要的月曆」，於是安東孝一就回答：「那來做一個吧！」月曆誕生的理由十分單純。

假如要硬著頭皮用一句話說明這個月曆的魅力，我想只有「沒有一個地方讓人討厭」。在這背後，其實是對細節徹底的要求。不論是字形、尺寸、留白的方式、紙張的選擇、簡便性（特別是壁掛用掛勾的點子），以及容易入手的價格等。發售到現在已經十二年了，早就建立了招牌月曆不動如山的地位。

BRAND DATA

安東藝廊

製作人安東孝一在1984年設立。除了當代藝術的藝廊經營，也從事設計相關的企畫。今年他企畫了由賈斯伯．摩里森（Jasper Morrison）設計的杯子。
http://www.andogallery.co.jp

「葛西薰 月曆」A3尺寸／日幣1200圓，稅另計。第72頁小物件皆為參考商品。

minä perhonen／嬰兒用品

minä perhonen "PRODUCTS FOR BABY"

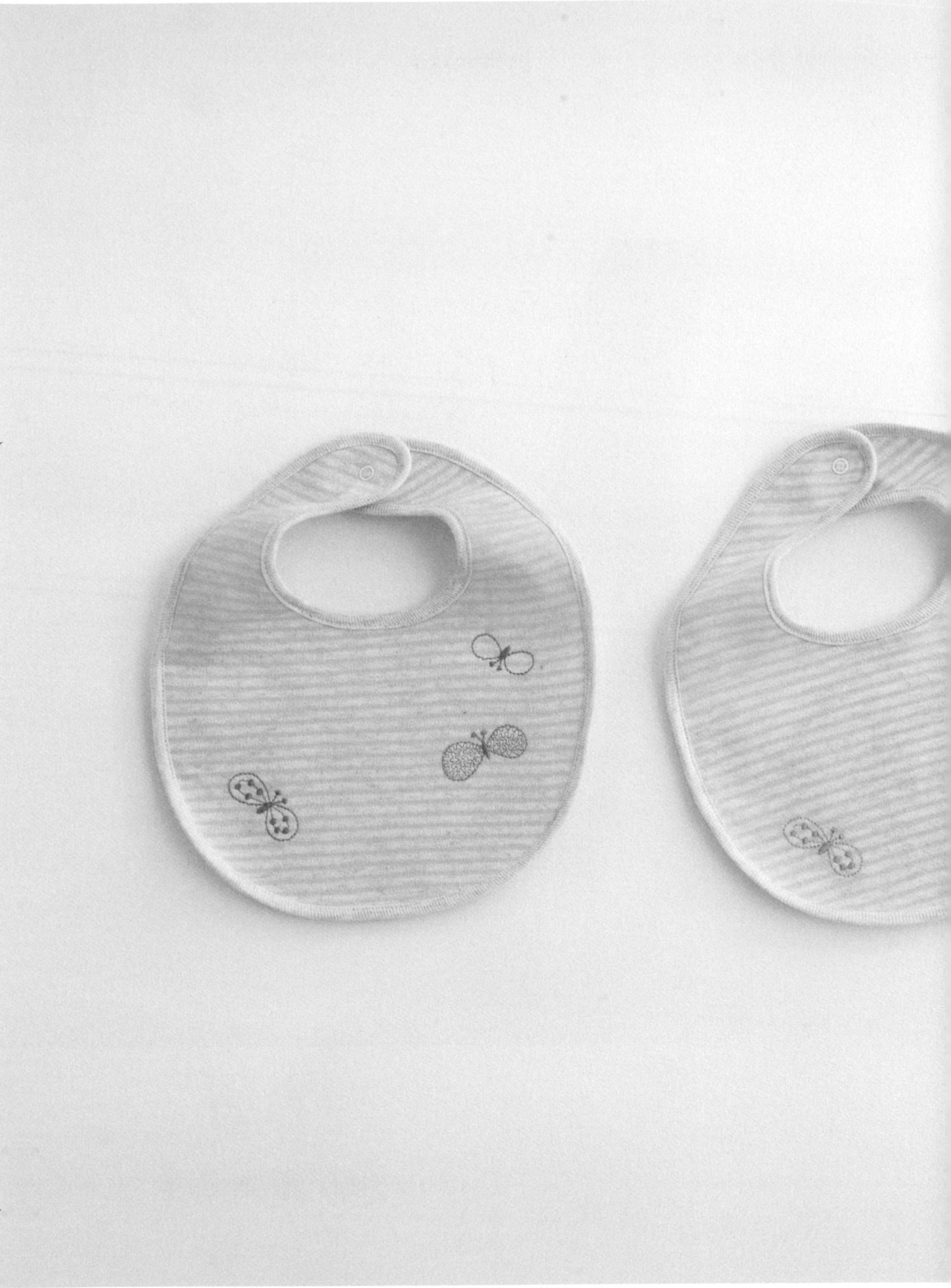

小孩長大了，也還可以拿來做各種用途的包巾。這是將皆川明的世界觀濃縮在其中的嬰兒用品，沒想到連大人也會想要！

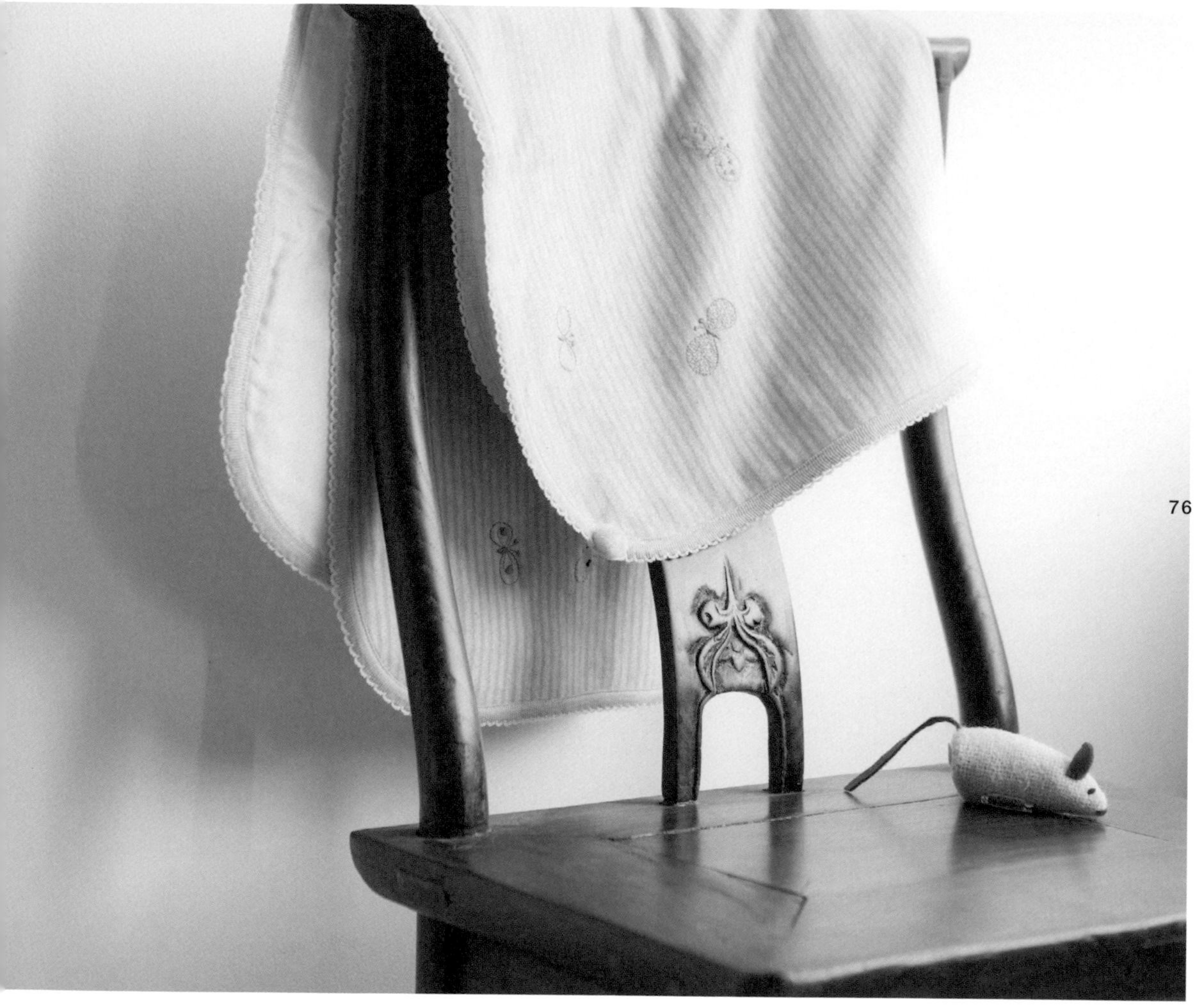

minä perhonen "PRODUCTS FOR BABY"

以不變的態度持續改變

當我想要沉浸在安詳的氣氛中時，必定會聽季雪金（Walter Wilhelm Gieseking）所彈奏的莫札特小步舞曲或變奏曲。彷彿傳達出鋼琴家的深厚情感、乾淨又溫柔的音色，總讓我聽得出神。蝴蝶翩翩飛舞在春天原野上的可愛幻想曲調。在我的想像中，皆川明的世界就是這樣的音樂。對了，季雪金也是蝴蝶的研究者兼採集家。

這個品牌成立即將滿二十年。在時尚這個眼花撩亂、不斷變化的世界裡，minä perhonen不隨波逐流的世界觀與製造物品的態度並沒有改變。從布料的製作到開店，連細節都仔細到一絲不苟，實在令人大爲吃驚。目前品牌也跨出了時尚的框框，規畫了獨特的生活型態和文化，持續成長中。

不只是皆川明的愛好者，上面繡有象徵商標的蝴蝶刺繡的圍兜和包巾，是連一般人也會不自覺地脫口說出「好可愛」的商品。彷彿可以聽到皆川明的愛好者的嘆息：竟然從嬰兒時就穿著皆川明的設計……。

BRAND DATA

minä perhonen

1995年創業。在「特別的日常服裝」的品牌概念下，以製作經年累月也不掉色的衣服為目標。「minä」是芬蘭語「我」的意思，「perhonen」則是「蝴蝶」。現在也推出器皿和家具等。
www.mina-perhonen.jp

74～75頁「choucho圍兜」D140×H220mm／日幣各3500圓，稅另計。第76頁「choucho包巾」W660×H660mm／日幣6000圓，稅另計。「老鼠胸針」／日幣4000圓，稅另計。

東屋／銅壺

AZMAYA "DO-NO YAKAN"

這是用了兩年的新產品。銅器是一種可以享受經年累月變化的材質。留下使用者的生活軌跡，可說是「越養越有趣」的物品。

AZMAYA “DO-NO YAKAN”

平凡的外表掩不住個中三昧

在各種日常用品中，銅壺不管在哪兒都是特殊的存在。雖然不至於說是日本人日常生活中常伴左右的用具，但讓人感到特殊的理由，不外就是那煮水時所發出的「咻、咻」好聽聲音。胖胖的壺身與像是要說些什麼的壺嘴，賦予這個壺擬人化的玩偶個性。不覺得怎麼看都很可愛嗎？

直接命名爲「銅壺」的這個銅製水壺，是不斷企畫採用日本各地職人與手工業者的技術，來製作優質日用品的東屋所生產。彷彿就像利休喜歡的茶壺一樣，會讓人看得出神。引用傳統的造型卻完全沒有陳舊感的原因，在於這是去除了多餘的裝飾，將銅這種材質所具有的顏色和質地輕巧的特色列入計算中才做出來的設計。眞是太棒了。

銅有極佳的傳熱效果，加上除菌抗菌功能，以及分解氯的功效，是對身體最無負擔的材質，而且煮出來的水很好喝，用來做水壺太適合了。銅是一種可以欣賞經年累月產生的變化的素材，剛開始有著閃閃發亮的光澤，不久就出現溫潤的糖果色。如果發現變色了，就表示這個水壺已經是優秀的家族成員了。

BRAND DATA

東屋

與善用日本素材的職人們一起，站在使用者的立場製作生活道具的品牌。最適合生活在現代的日本人的生活場合，東屋的設計被公認是兼具機能性與美感。

「銅壺」W200×D175×H240mm（含提把）／日幣1萬6000圓，稅另計。

SHOES LIKE POTTERY／帆布鞋

SHOES LIKE POTTERY "SNEAKER"

男女都可以接受的中性商品。不受時代左右的設計，希望可以將它加入鞋櫃中。也有牛仔布的新款。

SHOES LIKE POTTERY "SNEAKER"

這就是日本品質

不管擁有多少雙鞋，還是會想要一雙帆布鞋。長久以來，印象中帆布鞋都是外國製的，但竟讓我遇到了非常有魅力的日本製帆布鞋。製造這帆布鞋的是福岡縣的久留米市，毫無疑問的是日本製造。

從豐饒的筑後平原延伸而出的久留米，很早以前就是產業興盛的城市。其中從足袋※1的製造發展出來的地下足袋※2和汽車輪胎製造等，是橡膠產業興盛的地方。製造這個帆布鞋的月星（Moonstar）也是在明治時代從生產足袋開始的，然後發展成製造地下足袋與鞋子的老牌鞋子製造商。

這鞋的特徵在於製法。完成縫製與成型的鞋子，最後放進稱爲硫化罐的窯裡施加加熱與壓力。這麼一來，硫磺產生化學反應，會強化橡膠的耐久性與彈性。因爲鞋子放入窯裡燒的樣子好像燒陶，因此而有「Shoes Like Pottery」（宛如燒陶的鞋子）之名。這是和花工夫與時間、細心製作出來的帆布鞋非常相稱的名字啊！只要穿過一次，就會有上癮的合腳感。如果覺得我在騙人，請務必試一次看看。

※1 二趾襪。 ※2 足袋底部加上橡膠，可穿至戶外的工作鞋。

BRAND DATA

Shoes Like Pottery

1873年在福岡縣創業的「月星」所經營的鞋子品牌。根據135年以上歷史所培養的技術與經驗，製作出「適合日本人的腳」的帆布鞋。
www.shoeslikepottery.com

第82頁「Shoes Like Pottery」白·黑，尺寸22.0~28.0（無半號的尺寸）／日幣各7000圓，稅另計。第84頁 模特兒所穿的衣物皆為私人物品。

STANDARD

19

松徳硝子／薄玻璃杯

SHOTOKU GLASS "USUHARI"

假日的午後，一手拿著啤酒，悠閒地讀書……因為是成年人了，在被容許的奢侈時光中，這就是一個更能加倍享受的物品。

SHOTOKU GLASS "USUHARI"

口感也是品味的一部分

某個夏日，在定食屋的午餐時間，到處看到「一口啤酒」的字樣。因爲很熱，喉嚨也乾乾的。所以我點了啤酒，送上來的時候卻讓我大爲驚訝。冰鎮過的杯子是從未見過的，又薄又纖細。喝了一口之後，更是嚇一跳。簡直就像是玻璃杯將液體的粒子變細了似的，可以嚐到細緻的口感。那是我頭一次見識到薄玻璃杯威力的瞬間。

製造薄玻璃杯系列的松德硝子，是位於東京墨田區老街的玻璃製造商。創業於一九二二年，原本是製造燈泡用玻璃的工廠。當燈泡漸漸被機械生產取代時，講究手工製造的松德硝子將生產品項從燈泡轉向玻璃器皿。這個薄玻璃杯就是應用厚度薄又具備強度的玻璃加工技術所生產出來的。

玻璃的厚度是〇・九釐米，直到現在，這麼薄的厚度都是職人們一點一點吹出來的。或許有很多人會擔心這麼薄容易破，但就是因爲薄，才會提高使用者的意識特別注意，反而不容易打破而能使用很久。說到這兒，像我對自己的粗心也相當有自信，但我的薄玻璃杯至今仍健在。這是來自老街、可以向世界誇耀的日本製造。

BRAND DATA

松德硝子

1922年在東京創業，是生產燈泡用玻璃的工廠。以數千種玻璃相關器物製造的技術為基礎，現在則是手工製作玻璃的工廠，講究來自職人的手工製作。

第86頁「酒器」薄玻璃直筒杯SS：Φ 46 × H80mm、S：Φ 54 × H97mm、M：Φ 65 × H115mm、L：Φ 70 × H135mm、LL：Φ 77 × H150mm，五種一組，附木箱／日幣7000圓，稅另計。第87頁「薄玻璃直筒杯」S：Φ 54 × H97mm ／日幣1000圓，稅另計。M：Φ 65 × H115mm ／日幣1200圓，稅另計。L：Φ 70 × H135mm ／日幣1400圓，稅另計。LL：Φ 77 × H150mm ／日幣1500圓，稅另計。第88頁 小物件皆為私人物品。

九谷青窯／白瓷器皿

KUTANI-SEIYO "HAKUJI"

擁有即使與色調、材質不同的器皿放在一起，也能立即融入其中的白瓷，實在很方便。獨特的帶濁白洋溢著某種高貴的優質感。

KUTANI-SEIYO "HAKUJI"

種瓜得瓜

主掌九谷青窯的秦耀一是一位擁有特殊經歷的人。他在伊豆長大，根據本人描述，年輕時成天過著放蕩的生活，也曾在東京的公司上班，不到三十歲就決定燒窯，而且在此之前他根本沒有做陶的經驗。原因何在？這後面會再說明。

照片上的每一個白瓷都是已創業四十年的九谷青窯的初期器皿。那些幾乎都是在秦耀一的指示下，由製陶工匠做出來的。八角小皿也好，刻紋圓盤也好，不管裝什麼都很合適，容易使用。一樣是白瓷，卻不像有田燒那種無瑕的「白」，反而因爲陶石的純度低，而有混濁感。不過這種混濁反而緩和了緊張，產生出宛如古伊萬里的白瓷般獨特的柔和。白瓷可靠地將料理與器皿的絕妙關係展現出來。

井伏鱒二的小說《珍品堂主人》，描述了因爲喜歡舉世無雙的骨董，甚至擁有可以比一流的骨董店更快鑑識的眼光、被稱爲珍品堂的加納夏磨，從他身邊延伸出關於骨董與料理經營的人間百態的故事。據說這個珍品堂的範本就是來自秦秀雄，即秦耀一的父親。由此可知，秦耀一經營「器皿店」可說是其來有自。

BRAND DATA

九谷青窯

1971年在石川縣加賀市創業。繼承傳統的九谷燒精神之餘還加入「配合時代可在身邊常用」的想法，企畫新的九谷燒。不管搭配什麼料理都很調和，可為餐桌增添優雅氣氛的器皿，大受歡迎。

第90~91頁右起順時針「內刻紋6.5寸皿」Φ195×H30mm／日幣2000圓，稅另計。「八角皿(小)」W135×D135×H32mm／日幣1000圓，稅另計。「木瓜皿(小)」W110×D95×H20mm／日幣900圓，稅另計。「內刻紋4.5寸皿」Φ150×H30mm／日幣1000圓，稅另計。「八角長皿」W200×D135×H30mm／日幣2000圓，稅另計。「內刻紋5.5寸皿」Φ180×H30mm／日幣1500圓，稅另計。第92頁 小物件皆為私人物品。

YUKO SAKOU／玻璃風鈴

Yuko Sakou"GARASUNO-FURIN"

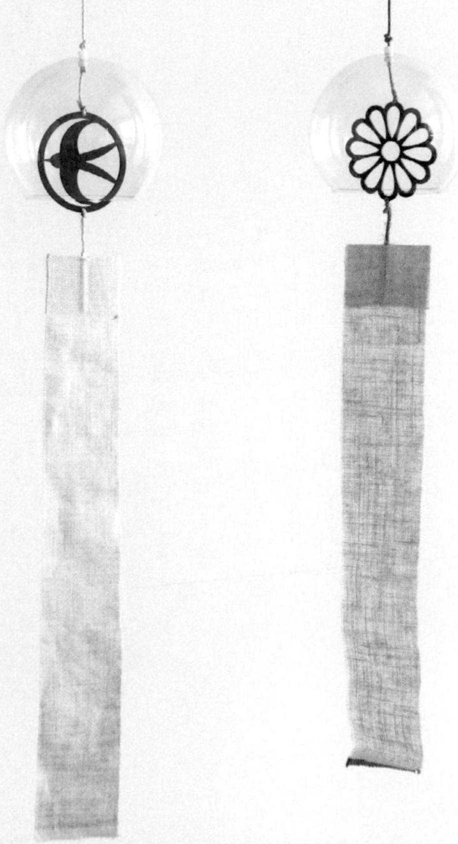

透明玻璃帶來夏季的風情畫

曾經在下榻的旅館聽到風鈴的聲音而大為驚訝。風吹過響起的「叮鈴」聲聽起來感覺好涼爽。這應該是本來就知道的東西，但在突然的情況下，變得很新鮮而特別意識到了，偶爾也會有這種情況呢！

當想到「好，買個風鈴吧」，想要去找的時候卻怎樣都找不到。雖然也有金屬製或陶製的風鈴，但還是玻璃的比較好。說到玻璃，儘管別具風情的江戶風鈴很有名，但畫上傳統圖樣的風鈴掛在現代客廳裡有點不太適合，就在我思索之際，找到了Yuko Sakou的風鈴。

在岐阜縣關市開設了玻璃工作室「日日玻璃製作所」的Yuko Sakou，主要是使用「宙吹法」（將融在棒子前端的玻璃一口氣吹膨脹）的技法，製作簡單而且好用的日常用玻璃器皿。

被麻質的線吊起的透明玻璃罩裡，鐵製的花朵和燕子隨風搖曳的姿態會是多麼的清爽啊！更精彩的是垂墜的書籤，硬是用簡單素面的自然麻布。讓我覺得日本的夏季風情畫依然存續的就是風鈴了。

BRAND DATA

Yuko Sakou

玻璃創作者。1995年開始學習玻璃吹製，2008年在岐阜縣關市獨立開設玻璃工作室「日日玻璃製作所」。以宙吹法一個個吹製出來的高透明度玻璃很受歡迎。
http://nichinichiglass.com

「玻璃風鈴」花、燕子 Φ70（玻璃部分）× H300mm（全長2800mm）／日幣各4000圓，稅另計。

CLASKA

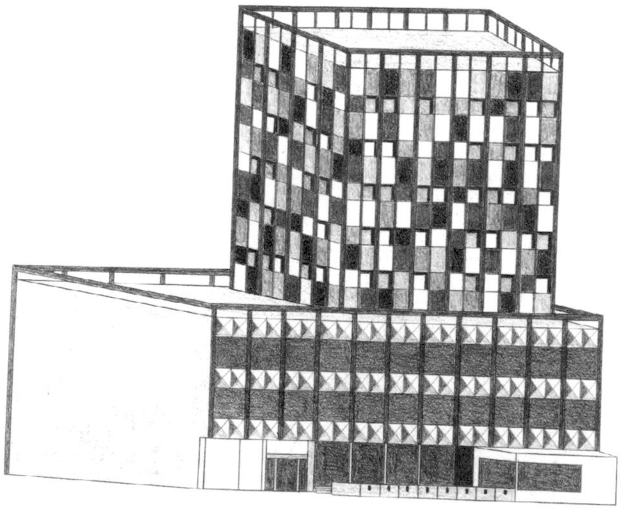

THE THINGS AROUND YOUR LIFE

圍繞我們生活四周的「器物」

店裡陳列的商品中，有許多DO所認同並寄予厚望的創作者作品，以及委託他們所做的作品。在本章節中，總監大熊健郎邀請了對於DO的創作經營影響深遠的五位關鍵人物，以圍繞我們生活四周的「器物」爲主題展開對談。從他們五位各自對待器物的方式中，湧現出享受生活的靈感。

大熊健郎 Interview

Takeo Okuma

CLASKA Gallery & Shop"DO"
總監

想跟它一起生活的器物，想置放在身旁的器物。

DO的總監大熊先生，是出了名的愛蒐集東西。他自己的家裡擺了一大堆古道具、知名的與無名的家具、跳蚤市場買的手作品或日用品、日本的民藝品跟名家的器皿，以及他很在意的、無論如何都必須擁有的，本人稱之為「破銅爛鐵」的雜貨。國籍和價格參差不齊的器物，只要經過組織調整後，會在日常的生活空間中相互協調、增添魅力，而這些讓人想一起生活的器物彼此的關係連結，正是大熊先生想透過DO這間店提供給眾人的世界觀。

PROFILE

2006年爲止，在家飾店「IDÉE」負責採購、商品企畫等工作。其後歷經《翼之王國》的編輯工作，以CLASKA企畫負責人的身分，成立「CLASKA Gallery & Shop DO」，負責總監與營運工作。

在自己家裡，他喜歡把蒐集自各個國家、各種時代的東西，以陳列擺設的方式來取代收納。喜歡的顏色是紅色。

現在想使用的，日本的好東西。

「CLASKA Gallery & Shop DO」是以「當代日本」爲主旨起步的。並非只是把傳統工藝等日本土生土長的東西擺在一起，而是將視線拉到「現在的生活」當中，挑選出適合的東西，並希望以新的形式提出。請菲利浦．威茲貝克先生畫木碗的插畫，做成店裡用的紙袋也是如此；把美國人麥可與日本人友理小姐做的POSTALCO文具與日本的和食器皿放在同一空間，感受上也符合現在的生活方式。開店初期就開始販售的九谷燒「山茶花鉢」，如果是擺在和食器皿賣場的九谷燒區，或許它會被忽略。但是把它放在店裡的木桌上，就彷彿花朵盛開在這個空間似的，看起來十分新鮮特別。東西其實是會隨著擺放的場所及組合方式，產生新的風貌。希望以這種方式，能讓大家重新發現這些日本的好東西。

質地平實與豔麗亮澤和些許幽默感

進入二十一世紀，景氣剛開始好轉時，可以感覺到生活方式朝著兩種不同的方向流動。那時我感知到的是「質地平實與豔麗亮澤」這兩種不同的感受。

所謂的質地平實，是從近身的生活當中發掘喜悅，偏向內斂的世界觀。豔麗亮澤指的是，意識到他人眼光，展露欲望而外顯的世界觀。受景氣影響，現在質地平實的觀念更受到注目。但我認爲，光只有質地平實，對我們而言終究稍嫌不足。偶爾，我們會想要豐潤的豔麗光澤，類似食物中的油脂這樣的成分。或許是稍微奢侈的東西，或是並非具有實用性的必需品，卻是會讓人發噱的民俗童玩，使生活更加愉快的東西，這些都是我們會想要放在身旁的器物。

用普通人的眼光進行選品

在商業大樓展店，我認爲這也是DO的獨特原創之處。DO是一個企圖讓五花八門的器物能相互提攜襯托，使彼此的關係連結而成立的一個空間。透過這個空間，讓挑選器物過生活的豐富與快樂，不再只屬於少部分「懂生活的人」，而能傳達給一般多數人，讓他們也能了解。今後，除了會增加日本全國各店工作人員協助選品之外，在挑選商品時也會秉持推廣的精神，希望DO能成爲一家爲生活風格注入一股新風潮的店。

Talk session.1

—

NAME MIKE ABELSON

—

麥可・艾伯森

「『器物』是從經驗中產生的。」

看到自己的妻子友理總是因為不好拿而抱著一堆文書資料，丈夫麥可先生於是做出可手持的皮革與布料製的裝書袋「envelope」，並以此商品為契機創立「POSTALCO」這個品牌。產生「製作應該已經有了，卻不存在的東西」這個想法的背景，是建立在為了解決不便而設計，並肯花時間檢驗使用起來是否順手，以及敏銳的洞察力。

PROFILE

POSTALCO設計師。他與從事平面設計工作的艾伯森・友理從2000年起在紐約成立品牌。現今已將據點移至東京，兩人設計的商品，委由日本的職人製作。
http://postalco.net

「自己想要的東西，別人應該也想要。」

大熊（以下簡稱O）：由麥可跟友理小姐一起企畫與設計，再由日本職人製作POSTALCO的商品，確實是Made in Japan，卻也無關國籍。正面意義上，讓人感受不到日本特色。材質挑選與設計的套用方式都絕妙無比。明明如此具有現代感，卻又像是擁有很久的東西般，讓人產生眷戀。很能理解它們深受國外客人支持喜愛的原因。從開店之初，我就一直很想要販售它們。而且，最妙的是創意！比如我也愛用的公事包，是從某位物理學家的肖像照得到靈感。雖然我沒有看過那張照片，但設計概念是要貼近像是他會拿的包包。這個點子很有趣，會有種「竟然還有這招」的感覺。這些由麥可一個一個的想法所誕生的商品，也包含平面設計跟店裡的氣氛，不管哪一件商品都只能用「很有POSTALCO風格」來形容，如此完整的氛圍是如何創造出來的呢？

麥可・艾伯森（以下簡稱M）：只要觀察大熊先生店裡的民藝品，就能看出有些東西是爲了解決某些問題而做的。比如爲了讓茶不會滴漏，所以做成某種外形的急須茶壺等，由此可以看出民藝品的產生過程。POSTALCO的「envelope」也是如此，爲了解決文書資料夾的問題而誕生。另外，現在正在製作的新商品，是旅行用貴重物品夾。我之前在米蘭被偷了包包，幸好我把貴重物品放在手工做的袋子裡，綁在身上才逃過一劫。因爲還是想要有個好一點的貴重物品包，到處找才發現市面上的幾乎都是膚色。是要綁在衣服內側的，不是膚色的也沒關係吧？我們用雨衣斗篷的材質做成，拿出來在外面被看到也不會奇怪，綁在衣服口袋內側時，衣服也是貼平的，不會突起膨脹。就像這樣，既然自己想要就做做看，這是一開始的情況。雖然有人說：「每個人都是不同的生物。」但其實應該沒有那麼不同吧。一個人想要的東西，其他人應該也會想要吧。即使是沒聽過沒看過的東西，只要是自己想要的，就會鼓起自信做做看。

O：一定有人跟麥可一樣經歷過這些不便，但能找出問題癥結並讓想法「成形」，是非常有POSTALCO風格、十分獨特的態度手法。你從以前就是個容易注意細節的人嗎？

M：我反而是一個很脫線的人耶。比如在砍樹的時候，我可能會注意到根部的野菇而覺得很有趣，注意力就被吸走了……。不過我想，「去注意」這件事是很重要的。能注意細節到什麼程度才是關鍵。那大熊先生在選品的時候，看的重點是什麼呢？

O：當然會有個人喜好問題，但我在挑選要擺在店裡的東西時，東西本身的清爽感、認眞正直、幽默感、有沒有魅力、是不是有氣質等等，這些感受是很重要的。恰到好處，本身具有足夠的特色個性，我喜歡這樣的東西。還有就是能不能自然融入自己現在的生活當中吧。東西之間的關係連結，或是說各種元素的組合，都跟看起來的樣子與價值相關。除了東西本身，我也會想像：「這個跟那個可以擺在一起。」我是這樣挑選商品的。

M：常常有人說要「用腦想，用眼看」，但也會有需要「用腦看」的時候對吧？也就是以想像的方式來看東西。當然也會有需要讓眼睛思考的時候，這樣放剛好、那種顏色組合不錯等等。很難以言語表現，但類似「剛好到位！」這種感覺，那眞是非常妙不可言，只能說是「用眼想」。

O：所謂的找東西，是要得到新的重點、新的視角。我很喜歡獲得新視角的瞬間。依提議的方式，相同的東西看起來會完全不同，我想感受到這樣的驚喜，也希望引薦給客人。

M：去店裡買東西的時候，不只是買東西本身，重要的是整體的經驗、體驗。大半夜穿著睡衣，在網路上就能買東西也很好。但走在路上、爬上樓梯、聞到店裡的味道，從這一連串的過程中，知道自己想買、想用的東西是什麼，這也是必要的。

O：你們是把自己實際的生活作爲基礎，去思考如何讓自己的點子與之契合，這一點跟我替店裡選品有共通之處。話雖如此，POTSALCO的點子永遠都讓我驚訝！不管是旅行用的貴重物品包，還是雨衣斗篷。訝異的地方是，竟然連雨衣都做了呢。

M：是啊。要做出不存在的東西必須從零開始，很辛苦。但若以市場考量來做東西，比如說因爲流行才開始做，但是到完成爲止需花一年到一年半的時間，結果就退流行了。要做出流行的東西，一定得掌握無形的部分，否則會來不及。或是要想辦法縮短整個製作的時間。不過那並不是我們公司的做事方式。世界上有太多以行銷爲藉口而做出來的奇奇怪怪的東西。大熊先生是如何避免這件事的？

O：DO並不是我一個人的店，所以我們很積極地採納其他工作人員的建議。我會跟他們說，如果遇到好東西，或有覺得不錯的東西，就做做看啊。但是當然要以DO的特色風格爲前提。自己選的東西，更會投入相對的情感對吧？也就是說，會積極的想辦法傳達給他人、想辦法賣給客人，這樣也能從中學到很多。

M：太順利反而學不到東西。

O：因爲我並不是創作者，會刻意不堅持維持自己的世界觀，並不認爲自己絕對不能改變。就像現在，我們在商業大樓、百貨公司裡展店的話，來的客人也會是非特定多數，挑東西的時候不可能只針對懂的客人。我現在的任務，是維持與延續目前的事業內容。觀察客人的反應，必要時就做出改變。改變並不是隨著客人起舞，而是提出具備「DO特色風格」的不同建議給客人，我想這是十分重要的。

M：樹只要有活力，就一定長得高。所以我認爲，一定要以符合自己形體架構的方式來做。以眞正重要的事爲核心，保持不變，重視自己的形體架構。我完全不認爲公司變大就做不出好東西。以做生意的角度，看著數字精準地經營也是必要的，但我們都不是看了數字就會有動力的人，但東西賣不出去又不行。所以要持續經營，眞的很辛苦。然而，談論數字相關的問題，又會讓我覺得是向後退。畢竟，所謂的數字通常都是去年的數字啊。在英文裡面有個說法是：「Your dollars is your vote.」（你付的錢就代表你支持）。付錢的行爲，就是你表達出希望某間公司、某個品牌繼續走下去的想法。我們交付工作給職人們，也就等於是向他們的工作致敬。客人也是如此，他們並不只是把東西買到手，而是帶著想幫助製作者以及相關人員的心情而買的。這一類的想法，我們應該是有共鳴的。

O：是啊。以這個角度來說，感覺原本對身旁事物沒太大興趣的客人，現在卻很常到店裡來。那些人願意來買我們的器皿、日用品，很令人開心。我還在做家具相關的工作時，一天到晚都在聊關於自己喜歡的設計師的事。但之後我去做了雜誌編輯的工作，當時跟身邊的人講到同樣的話題，卻發現沒有人認識那個設計師。那時我才驚覺到，我自己是活在多麼狹窄的世界裡。後來要開DO的時候，漸漸會去思考要怎麼讓那些原本不懂的人也願意多看幾眼。如果是以前的話，我會覺得不懂這些東西的優點的人不來就算了，活在一個單純的興趣喜好的世界。

M：現在感覺範圍擴大了？

O：嗯。正面入口變廣了，但我感覺裡頭還是有些深度讓我想去挖掘。

M：我感覺到的變化是，現在每個顧客都明確知道自己的好惡，不會聽誰說「這個不錯」就買了。最近，我發現以自己的眼光決定自己喜歡與否的人越來越多了。

O：同時，因爲在臉書和部落格上，大家都會放上照片秀出自己的私生活，過去屬於私生活領域的東西，現在都慢慢向外顯露出來了呢！現在正是這樣的時代，所以我想人們會開始關心生活中所使用的器物了！

M：關於設計的想法，也變了不少吧。我認爲受到蘋果公司的影響很大，大家根本性地意識到只要外在介面的設計變好，生活也會跟著變好，這是現在的思考方向。這很有趣喔！只是改變外在包覆的材質跟設計，就讓原有的功能，變成可以永久使用的東西，這簡直跟鍊金術一樣神奇。材質跟設計的組合，可以產生非常驚人的變化。

O：講到材質，像皮革製品，雖然大家都說越用越有味道。實際上很多人都只是折舊，不會想說有味道而繼續用。但POSTALCO就不一樣了，是少數即使刮傷、損傷，看起來還是很棒的皮革商品。

M：東西其實是以四D形式存在。三次元之外，再加上時間。在流逝的時間當中會怎麼變化，也應該當作規格來考量。時間也跟尺寸一樣。就算用再好的材質、形狀再好看，尺寸不合的話，東西馬上就不堪用了。可能會出現縫線鬆脫、邊角磨擦等問題。而便宜又好的東西，我認爲一定是形狀與時間被善加利用。不能光用想像來做東西，有太多事情不經過試用就無法了解。

O：對於東西在日本製作的這件事，你有什麼想法？POSTALCO創立至今已經十三年，跟日本職人一起製作商品，有什麼特別的感受？

M：在日本做的話，可以親眼看到製作方式，這點很棒。拿皮革職人來說，他們竭盡所能不讓藥水流入河裡，即便只是這類理所當然的小事，卻成爲一個重心，讓製作者能更專心致力於做好東西。在不認識的土地上做出來的東西，會很讓人擔心對吧。相對的，我們在陳列的時候，就必須把差異表現出來，因爲相關的職人太多了。

另外，讓我更覺得了不起的，是某種堅韌。只要認眞、好好地做，一定能做出好東西。因爲過程很確實，所以不需重來。除此之外，不只固守傳統，而抱持願意改變的柔軟想法，這點非常了不起。

O：的確日本職人對於自己的工作很謹愼認眞，這點眞的很棒。但對你而言，故鄉美國製作的東西所蘊涵的大器與粗曠，不也是特色嗎？

M：是啊。不過這個領悟我也是最近才終於感受到。雖然我是美國人，但我覺得日本嚴謹的作風比較貼近我想要的感覺。或許是因爲在美國做皮革商品的時候，即使技術再好，也會刻意意識到不要把設計做得過於完美。布料組合時，會做成拿在手上鬆垮的樣子。但一開始想在日本做粗曠鬆垮的東西，這個想法就錯了。既然要在日本生產，更應該思考，要如何做成適合日本人的東西。也因此在日本製作時，我思考了如何加強材質運用跟設計，讓東西看起來不會太過於堅硬死板。

另外我想到，平常走在街上的時候，比起東西，應該會想先看人對吧？所以我希望東西要稍微低調一些。所以在做東西的時候，我會思考怎麼掌握平衡，讓人比東西先被注意到。

因為找不到中意的地毯，於是直接在地板上塗上油漆。沒有的東西，就自己來創造。

涉谷的店鋪裡，擺滿了從筆記本到包包、雨具等各式各樣的商品。

Talk session.2

—

NAME PHILIPPE WEISBECKER

—

菲利浦・威茲貝克

紅色漆碗、郵筒、札幌鐘樓。配合DO各店鋪形象繪製了購物紙袋、周邊商品圖案的法國藝術家菲利浦・威茲貝克，從他的作品當中，可看見他從生活道具、建築物等日常生活中看到的東西裡挖掘出的美感。他真正想畫的，究竟是器物的哪一種樣貌呢？

PROFILE

1942年出生於法國。1966年自法國高等裝飾藝術學校畢業。1968年移居紐約，從事藝術與插畫工作。目前以巴黎與巴塞隆納爲據點進行創作。在DO至今已舉辦過三次作品展。

「我想描繪的事物」

CLASKA Gallery & Shop "DO"

(THE THINGS AROUND YOUR LIFE)

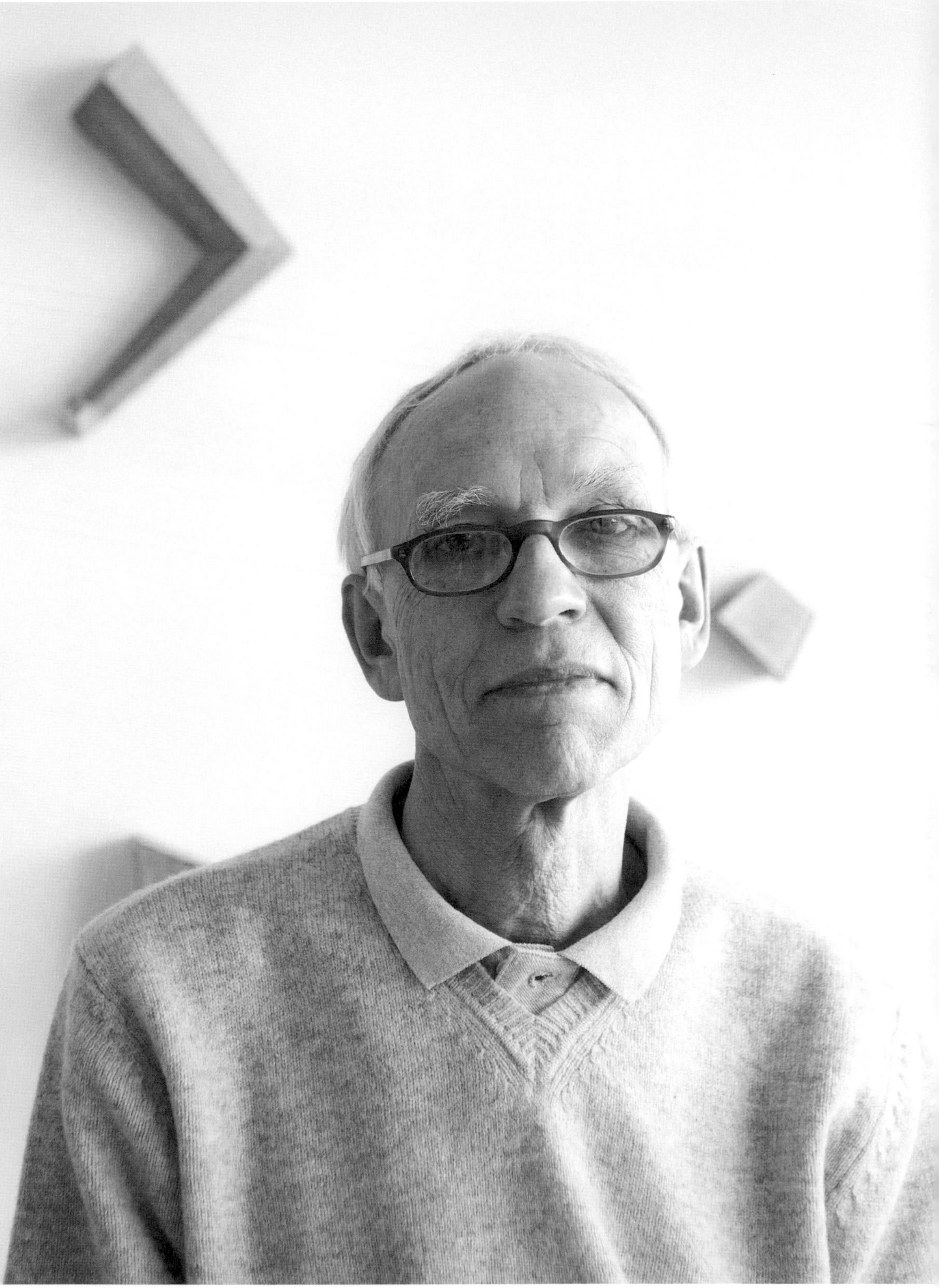

大熊（以下簡稱O）：去年我去巴黎時，到過威茲貝克先生的工作室叨擾，也參觀了你的眾多收藏。那些東西大概是從什麼時候開始收藏的呢？從小開始嗎？

菲利浦・威茲貝克（以下簡稱W）：是的，從很年輕的時候開始的。大概從青春期一直持續至今。我嬸嬸在里昂經營骨董店，小時候只要放假我都會去玩。我那時候就很喜歡舊東西了。當時根本沒想過未來會從事什麼職業，只是非常喜歡骨董。而我叔叔當時在巴黎東邊一個叫馬恩的城鎮有一棟宅邸，閣樓裡放了舊報紙、舊傳單。我會躲在閣樓裡看這些報紙傳單，一看就是幾個小時，深深被它們吸引。

O：在巴黎的時候，威茲貝克先生還帶我一起去凡夫（Vanvers）的跳蚤市場買東西。那時吸引你的東西，就像你家裡的收藏，並不是價格貴或有名的，但是是你喜歡的東西。記得你當時買了舊的水彩畫紙跟T形尺，你說在收藏舊水彩畫紙跟T形尺。最後還把它們單手夾抱著，真的很有你的風格。平常威茲貝克先生會被哪類東西吸引呢？

W：除了舊東西之外，我也喜歡機能性的東西、對某件事有功用的東西。簡而言之就是「普通的東西」吧！爺爺手工做給自己孫子的東西、職人做的東西，我都很喜歡。基本上我是一個質樸的人，不太會買很貴的東西。何況普通的東西，本來就不會是價格多高的東西。我甚至比較喜歡在金錢層面上價值不高的東西。另外就是簡約的東西。這些東西，也會成爲我畫作系列發想的契機。有時去跳蚤市場，我也會沒買東西空手而回，單純去找靈感。

對我而言逛跳蚤市場就像在森林裡採野菇一樣，有時可能找再久也找不到，也可能不特別找就出現了。說起來其實就只是散步而已。

O：我第一次知道威茲貝克先生的作品，是在二〇〇三年出版的《Hand Tools》這本日本道具作品集，那已經是十年多前的事了。那個道具系列的作品，聽說是你待在京都九条山的時候畫的。去到京都會看到寺廟、佛像等讓人覺得充滿京都風格的東西，但對威茲貝克先生而言，讓你喜歡到想畫成作品集的，卻是道具。你是以什麼樣的想法在畫道具的呢？

W：我自己很喜歡各種物品（器物），而道具類又是其中特別喜歡的。要說原因的話，就是因爲不需要設計。更進一步說明，就是它既不需要設計，功能也直接表現在外形上，我才會這麼喜歡。那時是基於自己喜歡道具，再加上外形簡約這兩個原因，才會想要畫成作品。我不管到世界哪個國家、哪個城鎮，一定會去看看當地的五金行。當時我對京都並沒有什麼先入爲主的想法，而是有天不經意走在路上，看到兩個職人坐在路邊修理舊鋸子、小心翼翼使用老舊的刨木器的樣子；這景象讓我心生：「啊，我一定要來描繪這個畫面。」會有這些想法，其實都是很偶然的事啊！我的畫風是極簡的風格，太複雜的製品，我想我也畫不好吧。

O：從那之前開始，威茲貝克先生就是畫身邊的製品嗎？

W：開始挑身邊的製品來畫，這種畫風算是最近的事。雖然我當插畫家的資歷很久，但因爲都是依客人要求去畫，跟現在的風格有些不同。一九九八年左右，我很常幫美國雜誌畫圖，但那時突然感覺到差不多可以停止單純只是依客戶要求來畫了。那之後我開始趁工作空檔，畫美國卡車的素描。當時我住在紐約，美國的卡車跟我故鄉法國的非常不同，我很喜歡它們有稜有角的外形。我把它們畫在筆記本裡，累積而成我第一本的系列作品集。之後我開始蒐集釘子、螺絲啦，金屬製品、鞋底這類我喜歡的東西，分門別類畫在筆記本裡。也開始畫簡單的建築物了。就這樣到了二千年，銀座的「Gallery G8」邀請我，舉辦了我個人的作品展。這次的展覽，給了選擇往新方向前進的我很大的勇氣，也支持了我繼續創作。在那之前，只從事插畫的工作，我並非百分之百的滿足，因此到了六十歲開始思考之後的人生要做什麼的時期，剛好出現這個展覽，讓我徹底看清楚了自己的方向。

美國雜誌《THE NEW YORKER》因爲可以畫我自己想畫的東西，是目前唯一還持續接案的插畫工作。日本方面則有很多要我以自己的風格來畫插畫的客戶，所以我仍繼續承接這類的工作。

O：當初要拜託威茲貝克先生畫DO紙袋上的圖時，原本是打算請你畫日本的茶道具。不過你不想把好幾個東西畫在一起，而是單件單件地畫，因此我才提議請你畫「盛裝了餐點的木碗」。你仔細想過後發現，這其實也是（兩個東西的）組合，畫起來有困難。後來你送過來的稿子，分成餐點跟木碗的兩張圖，大家還說很像日之丸※很不錯之類的。現在則成爲對於DO有象徵意義的圖騰。謝謝你總是配合我們的要求。

W：別這麼說，我才要謝謝大熊先生。除去要求的部分，你還是讓我好好地畫製品類。日本的客戶，起碼跟我有往來的各位，在委託工作時都很尊重我的風格。

O：剛剛威茲貝克先生提到喜歡極簡的東西或道具類的製品，你的工作室裡有一個整理得很整齊的書櫃，裡面放了玻璃瓶，而且還裝了泥膏、罐子、整捆的線這一類的東西，呈現出一股很特別的感覺，從很多地方都能感受到你生活的方式跟喜好，以及幽默感。

W：我認爲自己生活中的一切、生活周遭的一切都是自我風格的展現。所以我也做家具，也做果醬。做果醬的時候我會用跳蚤市場買來的舊瓶子裝，再用石蠟紙封蓋綁起來。也有人會用舊瓶子裝果醬，但通常都是用螺旋蓋封口，但我覺得那樣並不好。解開石蠟紙蓋上的繩子，打開紙蓋來吃，對我來說是讓我喜歡上果醬的過程。我希望好好重視自己喜歡的印象，並根據這個印象來打造一切。大熊先生看到的整捆線，買的時候是捲在縫線軸上的，就算覺得買來有一天可以用到，也絕對不會用。即使如此還是想買的原因是，整捆捲在一起的狀態，就製品來說非常完美。而這類東西，大致都很簡約。

我自己是很注重視覺感受的人，只要有醜的東西進入我的視線就會覺得礙眼。圍繞我身邊全部的工作及生活，就是我的世界。所以我在家的時候，經常在調動東西的配置。我總是很在意眼睛看得到的東西的整體平衡或擺放方式，老是在摸東摸西，在移動它們，惹得我老婆不耐煩。就這個角度來說，我跟日本是相通的。在日本，不管是廁所還是東西的擺放方式都很完美。而且包裝的方式、食器的擺放方式等等，每一件事物對我而言都是完美的處理方式，讓我很有共鳴。

O：如此追求完美的人，感覺很難跟他人共同生活啊（笑）！但威茲貝克先生跟太太還是一直感情很好地一起生活，是因爲興趣很相近嗎？還是因爲你太太是個十分寬宏大量的人？

W：我太太蘿珍，的確是個寬宏大量的人（笑）。但同時，我覺得自己也變得比較能容忍了。她喜歡松果、橡實、小石頭這類自然的東西。但我自己是喜歡工業製造的東西，一開始對於她拿回來的東西，我會覺得怎麼會喜歡這種東西？這種東西沒有需要吧？但她願意來習慣我的世界，比如會把松果放進玻璃瓶裡，配合我的喜好來擺放東西。

O：我也很喜歡製品類的東西。我喜歡的不是有價值的東西，而是破銅爛鐵類的。我家那麼狹窄的空間當中，放了各種的東西。但之前日本發生過很大的地震，那時候我正好休假在家，因爲我家是老公寓，搖晃得非常厲害，很多東西都撞壞了。從那以後，擁有東西這件事變得有點空虛，或者該說東西本身讓我覺得開始有距離感。但我那個又小又窄的房間，威茲貝克先生之前也來過呢。當時你看了很多東西。由於我們不管是年紀、國籍、語言都不同，而我也只不過是你的畫迷。不過那次來訪找到很多關於我們關注這世界的共通點，有種我們變得很親近的感覺，我非常開心。那時我發現，原來「器物」是可以串聯人跟人的媒介。多虧這件事，讓我又重新對器物產生喜愛的情感了。家裡的器物也繼續增加了（笑）。

W：我想我們能夠一起工作，是因爲我們對器物的感受很相似。其實不需要去到大熊先生家，從店裡的選品就能感受到你的眼光。裡面有非常多有質感的東西。在這種情況下，質感未必跟東西的價格成正比。

我們上次一起去神保町買東西。大熊先生在家用雜貨店買了一個舊的正紅色信箱，如果你當時沒買的話，我就會買了。

O：神保町一帶，還留有老五金行。威茲貝克先生說想看看的店裡深處，有個紅色的個人用的信箱。感覺是三十年前就一直賣剩的（笑）。我在猶豫該不該買的時候，威茲貝克先生說：「這個很棒，我要是住東京的話絕對會買喔。」因爲被推了這一把，就不小心買了（笑）。我把它當作一件紀念品掛在房間裡裝飾。另外我們還去了神保町的舊書店。「你有想要的書嗎？」我問道，你說你想要「北齋漫畫」。另外還有「橫濱浮世繪」，這是明治維新西化後的木刻版畫的書。在書店的店員介紹之下看了之後，果然是一件很能理解爲什麼威茲貝克先生會喜歡的畫。洋式的建築以曖昧不明的遠近法來表現。那天眞的逛得好開心。

最後再請威茲貝克先生談談，你會用什麼話來形容器物？

W：器物，應該就是人最後會遺留在這世上的事物。人類是會製作東西的生物，即使人消失了，器物還會遺留下來。不管是誰的東西，被遺留下來的東西雖然不知道去向，還是會被遺留下來。也就是說，器物，是人最後會遺留在世上的東西。我自己的素描也是，與其說是藝術，更希望它們是以器物的方式存在。就算是掛在牆上，它也只是對於自己的存在謹慎低調，不將技巧、畫作者的感受強加於人，不自我主張的器物。我想它的存在感應該跟桌子、布料是差不多的吧。自己說起來有些不好意思，但我畫的是與流行無關，是在畫本質的部分。在畫的時候，也完全沒有打算畫成所謂的經典傑作。

※日本人常以此稱呼國旗。

Talk session.2

—

NAME AKIRA MINAGAWA

—

皆川 明

「創作與商業經營之間」

從布料開始設計，堅持在日本的工廠製作的服裝設計品牌「minä perhonen」，是19年前皆川明先生創立的品牌，現在已經成長為擁有員工超過70人的公司。夾在創作與商業經營之間，在製造的過程中是否有困難之處與迷惘呢？來聽聽皆川先生對於器物的態度。

PROFILE

1995年開始經營minä。以「特別的日常衣著」爲概念，目標是製作出不因時間流逝而褪色的服裝。2003年改名爲minä perhonen，不只有服飾，同時也做器皿、家具的設計。

www.mina-perhonen.jp

大熊（以下簡稱O）：第一次見面，應該是我還在前一個公司IDÉE的時候。那時候你到販賣北歐家具的樓層找我。

皆川明（以下簡稱M）：是啊。我當時非常喜歡IDÉE三樓的空間，很常去逛。於是朋友告訴我：「那個空間，是一位大熊先生負責的，他連書的位置都很講究喔！」

O：我那個時候就很憧憬皆川先生做東西的態度。從做衣服到公司經營，徹底貫徹了「minä」精緻細膩的精神，如同製作靈巧的細緻精工一般地培育這個品牌。我雖然也開了店，現在自己的立場，首要的目標是讓店鋪事業上軌道，現在也切實感受到永續經營的重要性。但是，要在用心謹慎的創作和經營生意之間取得平衡，我想是有非常高的難度。皆川先生，就這個部分你是如何維持平衡的呢？

M：時尚產業相較來說是比較靈活的製造業，就算只做一件衣服也可以找到人縫製，不像工業製品，最少都要做上千、上萬個，算是比較有彈性的。我想時尚產業有趣的地方就是自由度，而這也是很適合我的部分。我們現在，最低大概可以從十件開始製作。如果是十件就做得起來的設計，就不太需要去考慮一定要賣多，因爲這樣我們在製作時就可以徹底堅持自己想做的。有十個人認同我們就夠了，這樣的觀點是成立的。所以在創作上沒有什麼限制，只要是自己想做的事，就沒有過頭的問題，只要盡力去做就好。就生意來說，這個想法也可以成立。

O：剛開始是在什麼樣的情況下做衣服和販賣的呢？

M：一開始就是我自己設計、自己打版、自己縫，再拿到希望寄賣的店去賣。我很慶幸，我之前雖然做設計，但在工廠待過很長的時間，已經很習慣自己做了。

O：這樣算起來，到現在已經幾年了呢？

M：十九年。一開始我是以希望可以持續一百年而開始這個品牌的。現在已經是第二十年了，也意識到要以交棒給之後繼續經營minä的人爲目的進行準備工作。不能只是自己決定一切，而是好好地把minä這個品牌維持下去。我們現在正好處於要交接給下一個世代的時期。

O：爲了要持續一百年，有什麼絕對要守護堅持的理念或想法嗎？

M：如果是關於產品，我並不想做出跟其他人競爭的東西。意思是說，我希望是從我們獨有的思考方式來製作。當然具備商品價值是必然的，但不是放在跟其他人相同的區塊裡，而是以我們獨有的世界觀好好地持續下去。我想做的是不需要靠設計上的變化來吸引人的衣服，但指的不是傳統風格或是經典款這類的不變化。在我們自己的心中是有所變化的，只是跟其他人的作法不同而已。若是跟其他人做出相同的變化，就一定得競爭，但我不希望朝那種方向發展。

O：人的喜好、美感等部分，越是深入鑽研，並且獲得了客人的認同與好評時會更加開心。另一方面，也因爲進入到深入核心極致的世界，本身必須具有相當豐富的感受度才能接受。如此一來，以生意的角度來看，難免會出現衝突。關於這點，有感受到困難之處嗎？

M：目前爲止都沒有。minä的夥伴人數跟能製造的衣服數量，及客人需求的量，現在剛好處於平衡的狀態。

O：這個平衡的掌握很巧妙。而且做到皆川先生這樣的地位，每天都有生意上的誘惑吧（笑）。像我就沒有自信可以一直爽快地拒絕這種甜美誘惑（笑）。

M：對於自己想做的事，我有辦法一步步合理的順利完成，但要依別人的要求具體成形，做成他們想要的樣子，我就不擅長了。這其中自然也有我的任性在。因此被委託時，如果對方是想要我原本已經在做的東西，就能夠合作，但如果是希望做成他們想要的樣子就有困難了。從這點來說，我很慶幸一開始就只做我們自己能力範圍內能做的。誘惑是有的，但因爲我對這些沒興趣，沒想過要接受。

O：原來如此。不過各種誘惑或是接到邀約，都算是一種好評，還是滿令人開心的。另外，去年你們第四間直營店在松本開幕了。一開始聽到地點在松本的時候嚇了一跳，但還是覺得：「啊，確實很有minä perhonen的風格，眞不愧是皆川先生。」想必你們的愛好者也是這麼想的。爲什麼選在松本呢？

M：從minä創立開始，就一直在嘗試，像是不在直營店做特賣、想辦法利用剩餘布料做其他東西等等，就時尚產業而言都是新的嘗試。最近我們開始有出租的服務，有非常多像這樣的內容，原本在業界沒人做過的創舉，嘗試了之後發現出乎意料地好。這個業界有個理論是，開店順序要先從大都市往其他地區發展。但是，既然我們的衣服不是以大眾取向來製作，我想直營店開在大都市的意義就沒這麼大了。比起這個，我覺得地域性強，當地居民都熱愛該地區的城市更好。松本雖然有「松本手作工藝節」「松本齋藤紀念音樂節」等活動，吸引很多外地人前往，但平常是很悠閒的一個城市。我想試試在那樣的地方開店。同時也是一種實驗，嘗試跟理論背道而馳的作法。實際做了之後就發現，除了松本當地人之外，還有很多北陸來的客人。不光是鐵路東海道線沿線，還可以看到從不同路線來的客人，相當有趣。

服飾業很少展店到東北，不過我下一步想嘗試開在東北。比起人口數，我看的是文化深度。我只想把店開在會讓我有「這裡應該有間minä」這種想法的地方。

O：換個話題，我知道皆川先生也喜歡舊東西，但你是從以前就喜歡買東西嗎？

M：喜歡喔。

O：你會被什麼樣的東西吸引呢？

M：我十八歲時，第一次出國，最初是在類似跳蚤市場的地方，買了我自己也不知道是哪個國家製作的器物。那時是去法國跟西班牙。十九歲開始去北歐。

O：那時的北歐是什麼感覺呢？

M：不像現在這麼流行，頂多就是Marimekko、Arteck、Iittala這幾個牌子。但那樣的生活氣氛深深擊中我。在那之後北歐設計也開始大量引進日本，當時我心想，果然很適合日本人啊！

O：有蒐集什麼嗎？

M：沒有耶。衣服也都是機器製作，我並不是只喜歡手工製作的東西。說起來，我更感興趣的是，如何以機器製造出像手工能做到的程度。

O：其實皆川先生也很喜歡修車、玩機械類的東西，有非常男子氣概的一面，不像我（笑）。一方面對這些東西很有興趣，但同時也具備柔和的世界觀，這是皆川先生的魅力所在，也是獨樹一格之處。

M：車子的話，舊車跟新車我兩種都有。我喜歡自己親身去體會，原來科技已經進步到這個程度、已經可以做到這個地步了。

O：不管是設計或是其他，在製造、創作東西的人，每一位都是很優秀的觀察者呢！也可說是看事物的方式很有趣。皆川先生會把自己喜歡而購買的東西，擺在辦公室或店裡裝飾嗎？

M：會。不過幾乎沒有那些是我的東西那樣的感覺，公司的人想用都可以用，而且總有一天會變成別人的東西，移到別的地方去了。我的想法很接近對骨董的感覺。到手的東西，我只是暫時保管，但在我身邊的這段時間我就要好好的善用。當然會有因爲設計得很棒想放在身邊觀賞的心情，但因此就讓我興起想要永遠持有它，這種感覺倒是不常有。無論如何，在minä的同仁可以一直用下去的東西是最好的。

O：把東西收到自己身邊，是很重要的一件事。

M：沒錯。先是對於有人做出這麼棒的東西而感動，並且能在自己的日常生活當中使用，這是非常幸福的事。

O：用眼睛欣賞好東西，當然也不錯，但購買入手，放在身邊實際觸碰，又會有不同的感受。

M：沒錯。所以不論藝術品或器物，都希望可以放到自己的生活當中。

O：皆川先生的衣服具有正面意義的「物品特性」。不單只是依穿的人當下的心情，或是因爲流行而想穿，是超越這樣的等級，讓人產生眷戀情感的衣服。你有很強烈的想把這些要素放進衣服當中嗎？

M：很強烈。衣服並不只是拿來穿，我希望做出它的存在本身就很有生命力的物品。

希望是超越單純器物的層級，到達與情感連結的境界。我想，所有有魅力的器物都是如此。並不只是具備功能，而是放在身旁會讓人感受到使用時的喜悅，這樣的東西眞的太棒了。

O：對皆川先生而言，物品是什麼樣的存在呢？

M：因爲我自己的工作是製作衣服，從這個角度來看，可以說是很接近自己的分身。產出東西這件事，就像是宣告：「我存在這個世界上喔。」可以說是花朵綻放的狀態。製作並公諸於世，即是展現我的存在之於這個社會是有意義的。能夠做東西，是我最大的喜悅。自己腦中的東西能轉化成具體物質，我想這是自己活著的最好證明吧。想到面前已經完成的東西，原本只存在腦中，這實在是太有趣的一件事了。任何一個圖案也是，並非原本就存在某處，也不存在於現實當中的東西，而是將自己腦中的世界，運用某些材料讓它誕生，十分有趣。

O：所謂的好東西，或是說「好設計」指的是什麼呢？

M：瞬間的感受當然很重要，但把能夠使用很久的想法注入設計中更爲重要。如果不是如此，就不能算是好設計。我想帶給大家的東西，是具備了第一印象之外，使用後還能對人產生影響的設計。這個想法也擴散到minä perhonen的員工心中。原本器物的壽命就比生物長，不管是一件時尚的單品、一張椅子，都不能只是以自己人生的長度來看，而是應該從更長遠的時間長度來思考製作。

O：設計與經營，現在都是以皆川先生爲中心。今後你也會懷抱著各種任務，繼續做下去吧！

M：是的。不過minä perhonen這個品牌，總有一天要轉變形式，建立品牌概念，請其他人依這個概念來設計。從很久以前，全體工作人員就知道這件事了。實際上，新一代的人也已經分成幾個部門，分工作業，協調合作，往後也會以minä的製作方式繼續下去吧！

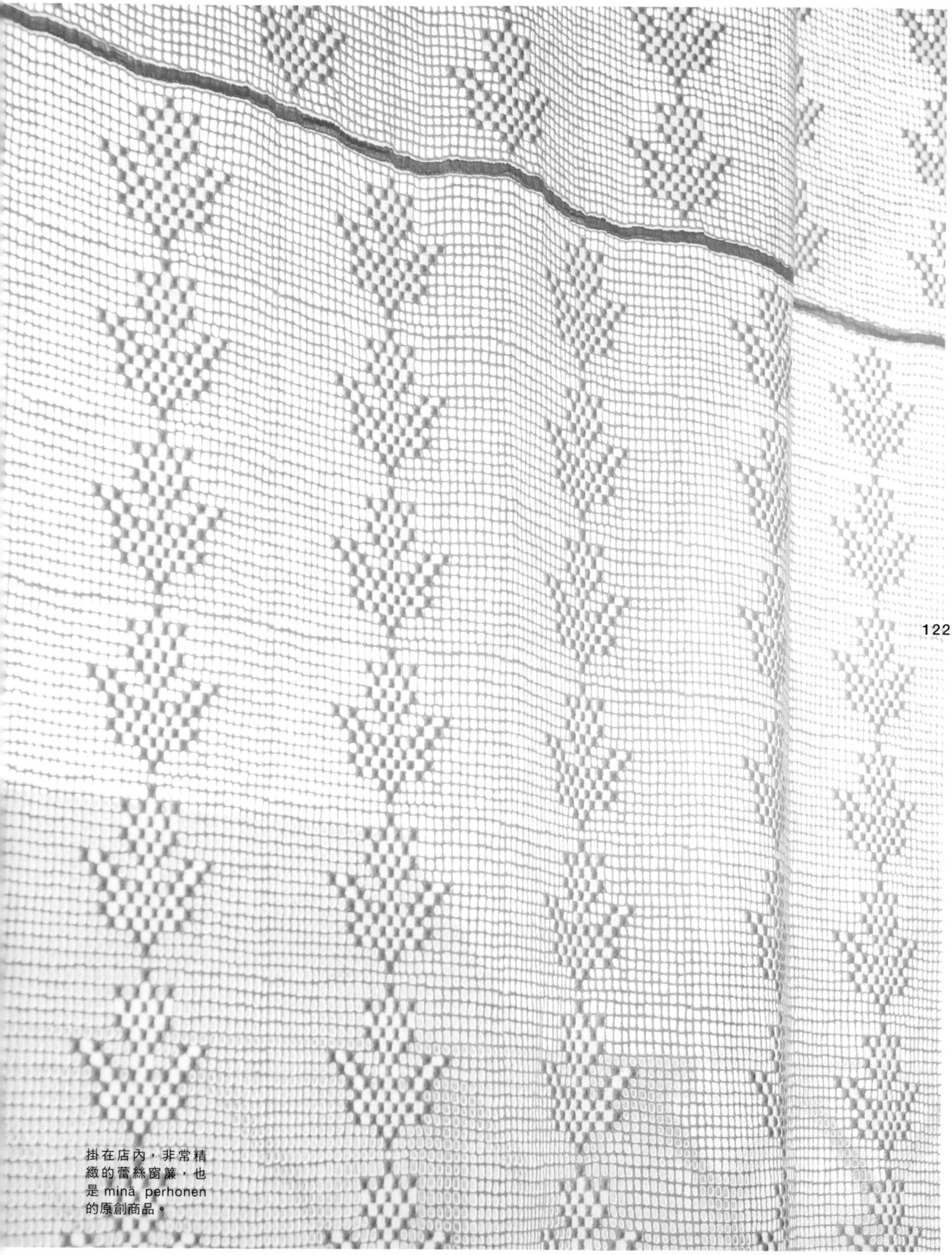

掛在店內，非常精緻的蕾絲窗簾，也是 minä perhonen 的原創商品。

直營店從商品內容到配置陳列，整個空間都能感受到皆川先生的世界觀。

Talk session.4

—

NAME KEN NISHIJO

—

西條 賢

「新世代的Made in Japan」

DO店裡的熱門商品，raregem的皮革波士頓包及帆布托特包，是在主導raregem的西條賢先生與DO總監大熊健郎長年交情中誕生的。而串起同世代兩人關係的，別無其他，正是這些器物。器物帶給人的一切，以及在人與人的關係中，所扮演的角色又是什麼呢？

PROFILE

他所主導的raregem公司，除了家具、住宅、店鋪企畫製作外，也從事皮革製品等小雜物的製造。從海外進口稀有的材料製作而成的家具與空間，深獲好評。
www.reregem.co.jp

「器物對我而言，是自我的里程碑。」

大熊（以下簡稱O）：我跟賢先生認識，是你在池尻大橋所經營的一家叫「Gracias」的店裡，那已經是十二、三年前的事了。記得有大片玻璃窗，還是木框玻璃窗，地板則是整片鋪石，現在雖然有這樣的店，但在當時是非常新潮的。店裡隨意擺了赫曼・米勒（Herman Miller）的骨董沙發、自家品牌音響喇叭、陶瓷等，非常有味道。賢先生眞的非常喜歡做東西，結果做到連店都開了（笑）。整間店充分展現賢先生的品味。

西條賢（以下簡稱N）：還有迪特・拉姆斯（Dieter Rams）的唱片轉盤之類的。

O：沒錯。賢先生原本是個音樂人，是哪一類的音樂來著？

N：我是玩硬蕊龐克的。

O：眞的假的？

N：眞的啊。

O：原來是那類型的音樂啊（笑）。不過店裡的感覺很巧妙地達到平衡，的確有搖滾的味道，整體確實很成熟洗練。擺放的物品之間的搭配方式，十分有當代的感覺。當時也有其他專營老家具的店，但賢先生的店就是不太一樣。不存在我的世界中的搖滾元素，對我而言很新奇。賢先生的品味，如果追根究柢討論的話，是來自什麼地方呢？

N：我其實不知道。大概是音樂、看過的電影、讀過的書吧。並不是經過思考的，而是自然而然形成。工作上也是如此，我沒有自發性地說過：「這個很好啊。」比如音響喇叭也好，眞空管擴大機也好，只是因爲喜歡而做的，然後有人發現它們不錯。到後來覺得那就來賣、來接訂單吧。我很少思考生意的事。

O：如果思考太多生意上的事，店就沒辦法照喜歡的方向走。是這樣的感覺吧……。

N：哈哈哈。是啊。從DO開店初期就有賣的皮革包「銀行搶匪」（見第36頁）本身，就是這樣的過程。

O：是啊，那個包包也是。DO還在籌備階段，我到你的工作室玩，晃來晃去東看西看，房間角落出現一個被隨手一扔的包包。「這個是什麼？」「啊，那個啊？試做看看而已。」大概是這樣的對話。然後我說：「這個好耶，我要放在DO賣，做給我。」就是這樣決定的。

N：總之，光是有人中意我做的東西這件事，我就非常開心了。

O：是啊，首先要有想做的衝動，做了再說，之後就是等到機會，就可以繼續下去。我當時也是直覺地委託你，但DO本身只是籌備中還沒沒無名，而raregem是做家具、裝潢的公司，並不是做包包的。

N：什麼都不是，沒沒無名。

O：但是看包包的品質就知道沒問題，不會非常貴，也絕不便宜，價格有一定的水準。當時也想過，這樣的東西沒有品牌賣得掉嗎？結果賣得蠻好的。果然還是有人會仔細看，認同並覺得好，眞的很開心。

N：那個包包就像是我跟大熊先生兩個人看著它發芽、長嫩葉、開花。

O：在這當中，有人在DO看到它，於是自己開始賣raregem的產品，一點一滴拓展開來。之後不知道是不是太開心了，賢先生越做越多（笑）。我說：「慢慢來吧。」但你還是馬上就做出新東西。結果皮革類商品越來越多，總共五種左右！

N：哈哈哈。如同你所說的，做了好多種。我喜歡深入鑽研啊！與其說喜歡，其實是不做不行。無論如何都要做。

O：現在在這個工作室裡，一個一個手工做的帆布包也是如此。我可以感受到在賢先生心中「Made in USA」的部分，你對美國文化的共鳴與眷戀。比如美國製的耐用度，喜歡工具和工作服這類的，都跟你的工作直接相關，這些都很有賢先生的風格，於是就開始期待，覺得帆布托特包之類的也不錯，然後你就眞的完成了。

N：沒錯啊。因爲某些原因得到一台一九三七年製造的勝家縫紉機，我試著車縫帆布結果很好，因爲太開心了就拿去請大熊先生看看。每次只要有想法轉換成實際形體，就一定會拿去給大熊先生看看。

O：因爲你的個性是，無論如何不先試做看看不罷休。但每次眞的都做出很有個人風格的東西。

N：大熊先生是我的見證人。一直都是。有時會說「很好」，有時會是「這個不太對」。

O：沒錯沒錯。不過你很固執，就算我說不太對，你還是會做就是了。我想這也是另一個優點。但你做的東西，跟原本喜好也有關，關於歐美的東西，你有很深入的了解。

N：是啊。我們的年齡相當，一直都是追逐著美國、歐洲的文化。

O：我個人的想法是，我們這個世代，算是對於一直關注的東西，不單只是模仿，而是讓它有血有肉。再之前的世代，對於海外事物的憧憬比較強。到我們的世代則是耳濡目染，能將它以有形的方式重新產出。跟過去有相近的部分，但又前進一步出現原創的部分。

N：我們常說的「吃完東西的味道」，其實不是單純吃進去而已，而是徹底消化之後，從雙頰散發出來的。我們就是這樣一個世代。

O：我知道賢先生很重視把身體吸收的資訊全部消化，再轉化成有形器物的過程。但我想你也是同時能把這種感受，與製作的雙手好好連結起來的其中一人。這種人其實不多。正因如此，才會有原創性。

N：是這樣嗎？不過我很受前輩們照顧。一開始做家具的契機，是舞台劇的大型道具。因爲在做音樂的前輩要做舞台劇，我幫忙他做道具。我看著從音樂的世界起步，現在則是作家的町田康先生、日本舞踏界的山海塾，他們都是在原本的領域有所成就而進入另一個世界。不過我並沒有模仿過他們就是了。

O：他們是將自己的人生帶往自己想走的方向的典範，會讓人去思考是自己的話會怎麼做。

N：我感覺是前輩們幫我打好基礎才有現在的根基。

O：賢先生不討厭買東西吧？關於這點，有經歷過哪些變遷呢？

N：不管是撿來的，還是買來的都一樣，器物對我而言應該是自己的里程碑（標誌）。是路上的標示，是攀爬山岩時的重要線索。我不太會從資訊來進入狀況。

從小我就喜歡有很多口袋的衣服，這是天生的。我會在口袋裡放小石頭或發亮的東西，每次都是在洗衣機裡噹噹作響然後被罵。會讓我在心中啊地一聲，想放進口袋裡的東西，隨著年紀增長也有所不同，大概是這類改變吧。到處閒晃的時候，會遇到很多東西，把它們買回來，賞玩一陣子。調整修理，試用研究之後發現：「啊，應該要再多一點這個。」、「再多加一點這個也可行。」透過這種方式學習。所以會讓我感覺到心中啊了一聲的東西，盡可能都會買回家。這些東西在往後都會成爲我的血、肉，在有需要的時候就拿出來。

O：有受到哪個在國外認識的人的生活風格影響到的部分嗎？

N：幾乎沒有。除了一點，就是剛好契合的感覺吧。就像在打棒球的時候，手一伸球剛好就進手套。並不是去追球，而是很契合剛好順勢入袋的感覺。我會去國外，但即使不去，這個剛好契合的感覺還是有的。自己並不太明白，但把做好的東西放到社群網上後，會有很多來自國外的聯絡，希望直接進貨去賣。我也有現在立刻就可以跟這些人一起打拚下去的感覺。

O：關於超越國家、地區的感受度，賢先生其實有更深的體會吧？

N：這個部分，我眞的開始意識到是在「3·11」之後。就像是被剝了皮，是說鱗片脫落。以我的工作來說，像是椅子、桌子，這些內裝家具都不再作塗層上色，讓人直接可以接觸到材質本身。開始產生這樣的心情。

看的東西跟以往沒有兩樣，就像是換了鏡頭，景深變得更深了。能夠輕易地捨棄多餘的東西，這是上了年紀的關係嗎？

O：或許也是原因之一喔。

N：哈哈哈。

O：我想是因爲，自己認爲更重要的重點改變了。喜歡的或看到的東西沒變，但其中有些東西會覺得特別重要，無意識中想法轉變了。

N：大熊先生從我的角度來看，是「伯樂」。伯樂是中國自古用來稱呼善長識別良駒的人。不管什麼時代什麼地方都存在良駒，這點大家都懂，但能準確分辨出哪匹是良駒的人不多。這種人非常有價值。

O：不不不，不過我很開心聽到你這麼說。

N：大熊先生對於市場跟賣場的感受度很高，知道哪個會賣，哪個行不通，哪個現在還不到氣候，但再慢慢發展會更好這類的狀況。雖然是從你喜歡的東西裡去挑選，但也不會讓現實層面、金錢層面脫軌，具備看東西的感受度。這樣的人其實很少喔。

O：謝謝你。雖然賣不賣也很重要，但像賢先生這樣的人做的東西，對DO來說，店裡有這些東西這件事本身就很重要。我們的理想是一間集合了日本器物的店，但情緒上來說是經常維持在當代、是「現在」，如果不是維持這樣的情緒，沒辦法契合這個時代。這可以說是我們想要營造、表現的部分。不是只把日本製的器物擺在一起，而是讓有當代感的器物與日本的傳統工藝共存，一切才成立。raregem雖然也是「Made in Nippon」，卻不過度強調這個部分。賢先生的工作確實是製作日本的器物，但最棒的地方在於與全世界的都市生活者有同時性。對於賢先生來說，器物是怎樣的存在呢？

N：剛剛提到的里程碑也是一點，再來就是讓自己一直一直沉浸沐浴其中，長時間受到影響。尤其是男生，會有一個那樣的世界。不能說每一個人都是如此，但我們大概都是那個世界裡的人。比如去某個人家玩，看他的唱片收藏，就是一個很目炫神迷的體驗。「啊，你也喜歡這張啊。」、「這張是你買的？」

O：對啊。

N：經歷過這些交流互動，透過那個人看見不同世界，男人會有像這樣一起長大的時期。像這樣長大的人，年紀增長後也還是如此。我去到大熊先生房間的時候，你泡咖啡給我的咖啡杯，也讓我產生「哇，是這個杯子啊。」的驚喜。

O：東西會將對方跟自己連結在一起呢。

N：透過東西，有相同的感受，或是「雖然不太一樣，但這傢伙對我而言很重要。」之類，算是去觀察彼此。當然，不只有東西，還有對事情的態度、氛圍、講話的速度等，男性友人們是透過這些持續深化，一起成長的。但這其中，器物是少不了的重點之一。

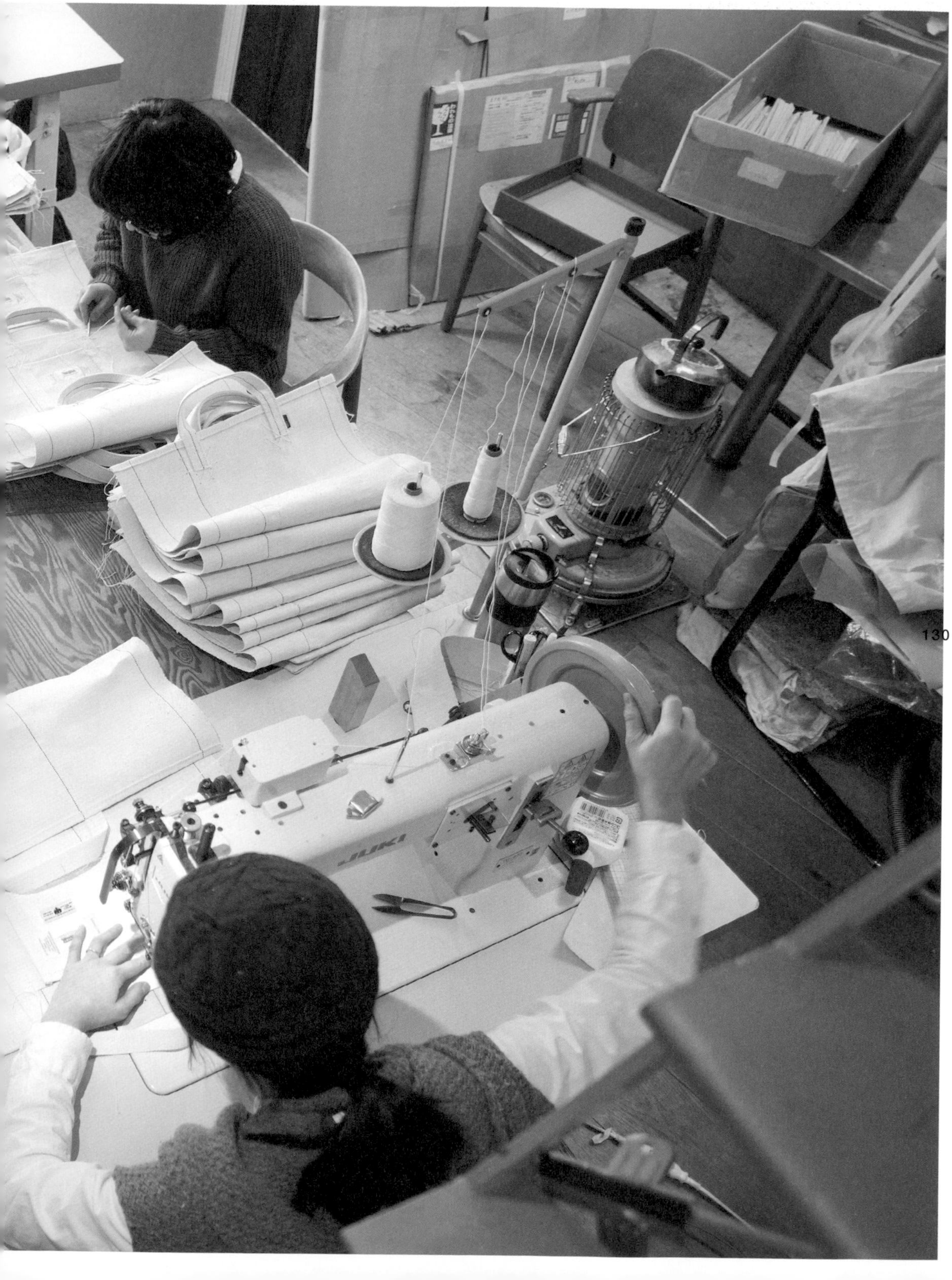
JUKI

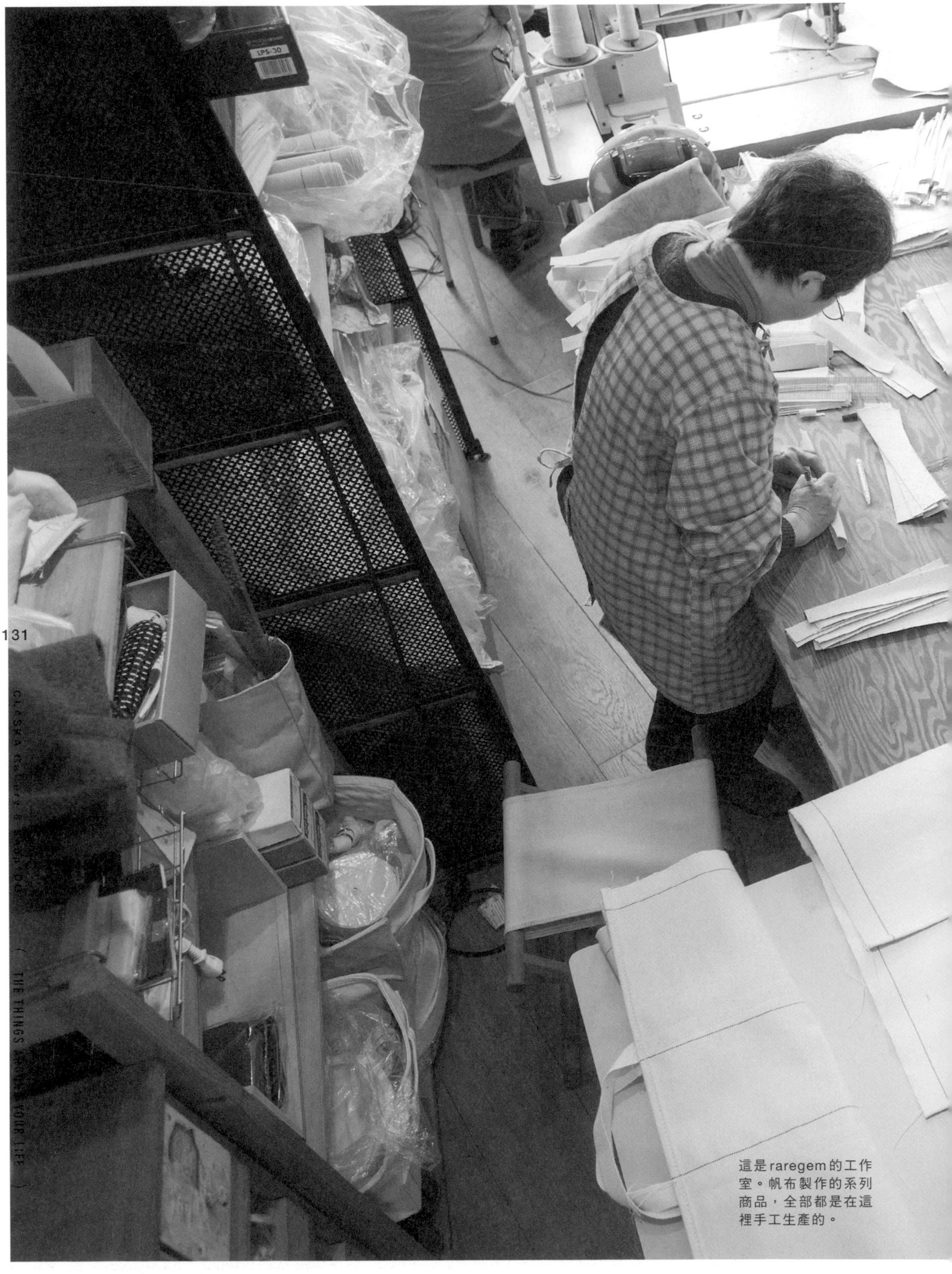

這是raregem的工作
室。帆布製作的系列
商品，全部都是在這
裡手工生產的。

Talk session.4

—

NAME **KAZUKO HORII**

—

堀井和子

「用自己的雙眼發現器物這件事」

堀井小姐以料理造型師的身分，超過30年的時間接觸、挑選並介紹器物給大家。在DO也舉辦過「玻璃與拼貼盒」展、「Crocodile & Stationary」展等，定期舉辦由她策畫的展覽，提供了她獨到的視角。非但不會過時老舊，也總是能帶給我們新奇驚喜的「堀井小姐的選物之眼」，讓我們來一窺其源頭。

PROFILE

1954年出生於東京。畢業於上智大學法國語文學系。因爲對於烹調食物的喜愛不斷升溫，而成爲料理造型師。除了料理造型之外，也執筆撰寫與料理、餐具、家飾、雜貨、東北傳統工藝等相關的書籍與文章。

「就是會被喜歡的東西深深吸引」

大熊（以下簡稱O）：從DO草創期開始，就一直受到堀井小姐的照顧。你幫我們策畫過許多展覽，也因此讓更多人知道我們的店。對你的感謝再多都不夠。我對於堀井小姐挑選的器物，最大的感覺就是它們不會過時老舊。不跟隨流行，卻總是不失新鮮感的堀井小姐的視角，總讓我嘆爲觀止。比如說堀井小姐是在八〇年代，最早開始介紹北歐的器物，同時也介紹了東北的工藝。把北歐的東西跟東北工藝放在同一個餐桌上卻毫不衝突，將這個獨自形成的世界介紹給大家。DO是一間爲了介紹日本的器物而開始的店，而我希望這間店的存在方式，是像堀井小姐所展現的世界那樣。雖然來自不同地方，但因爲器物之間的關聯、組合的方式，不衝突還能相互協調。從這個角度來看，堀井小姐可說是我的典範。

堀井小姐的眼光，不會有所動搖。雖然也有直覺某個東西好的部分，但這個直覺從未改變。不過，在堀井小姐自己心中，有沒有發生過曾經覺得某個東西很好，但過一陣子就對它不感興趣的情況？

堀井和子（以下簡稱H）：很意外地我的喜好沒變過。比如我從以前就很喜歡Wedgewood的象牙白瓷，在那之後雖然吹起義大利白瓷與法國鄉村風食器的風潮，但我的心情還是沒改變。結婚之後第一次買的純白的Wedgewood樣式就很簡單，我都會在吃早餐的時候使用。又好比說，即使現在再看一九八三年我當造型師所參與的料理書，我還是很喜歡當時所選的器皿。用北歐的紡織品，搭配出簡單的協調感。

O：很棒的造型設計呢！要說是幾乎完全沒變呢？還是說沒有受到潮流影響？而且，現在看起來也完全沒有過時的感覺，我覺得很厲害。眞的是始終如一啊！

H：像我從以前就很喜歡玻璃！特別是老骨董的厚玻璃盤子，用來盛裝烤馬鈴薯和香腸這類溫熱食物。可說是一種打破玻璃只能裝冰冷食物印象的盤子。

O：那個時期，你應該爲不少料理書做過造型設計吧？

H：是啊！因爲是泡沫經濟剛開始的時候，雖然也做過廣告，但是也許是在那個時期，我才慢慢發現，出版自己的書比做廣告更能實現我所期待的整體造型與攝影……。我感覺到自己怎樣都沒辦法跟隨世界的流行去喜歡那些大眾所喜歡的東西，我也曾想過解開爲什麼自己就是沒辦法追逐流行呢？不過，我現在感覺把這個問題擺在一旁不去想反而是一件好事。我並沒有隨波逐流地搭上東南亞、越南和中國的雜貨流行順風車……什麼也沒買。

O：那，你是從何時開始關注日本的手工業，像是東北的南部鐵器、木工和漆器等？

H：是從我結婚之後開始的。每年一兩次回先生的老家時，因爲會經過盛岡，自然而然就注意到了。盛岡的生活雜貨店鋪光原社和鑄鐵屋釜定工房很有趣，每次回去我都會去看看，後來變成一年大概去個兩三次。光原社不只賣東北的東西，像九州的小鹿田燒、福島奧會津的編織籐籃等很多很棒的東西。雖然是社長及川先生的選品，但品味實在非常棒。

不管去幾次，每次看到的都是好東西。這麼一來，就會發現比起這個，自己好像更喜歡那個；或者，不管是第一次去，或是停留時間很短沒看夠的，可以再多看看，也可以知道曾經買過的東西在經年累月之後會是什麼模樣。當知道了木製品過了一段時間，色澤會變得更加沉穩、顯現出更好看的魅力之後，就會想再買一次。

而且，長久以來遍尋不著的東西也會在那裡找到，例如，板屋細工※。一年有一次採收木皮的時間，然後靜置半年到一年後才開始編織，能夠送到店內販賣的產品，一年只有一兩次而已。所以，就算去年沒找到，但今年再去可能就會有好東西了。根據不同的編織者也可以感受到籃子完成品帶來的不同感受。特別是在北東北，那裡的織人常年在酷寒中堅毅地工作著，而且他們選擇樹皮等材料的眼光非常執著，所編織出來的籃子比起其他地方都更純粹，彷彿有一種超脫凡俗的透澈之美。岩手的人非常風趣，很有幽默感，好像可以理解這類性格的人連籃子也能做得出來。

O：原來如此。眞有趣啊！

H：釜定工房則是超越了西洋與日本器物的藩籬製作出南部鐵器。製造的鑄鐵鍋可以用瓦斯爐或微波爐來調理，就算直接端上桌也能感受到鮮明的魅力。第三代傳人宮伸穗發想出來的產品眞的很棒。

年輕的時候沒有發現到日本有一些很棒的東西，因爲去了東北，才知道日本不管在技術還是設計，都有很多很棒的東西，讓我開始覺得很自豪。像籃子、篩、曲木盒這類的器物，除了簡樸外，不到一定年紀根本不會注意到它們的好。我覺得光是東北流傳是不夠的，更重要的是，住在東京的我們要不斷地說著：「這個眞是太棒了啊！」，在此同時會讓我們的下一代在做菜時，對地方的料理和調理工具、民藝品產生興趣，而促使製造者有人傳承而能夠繼續他們的工作。就像是法國人說日本的東西很好而使用這些東西一樣，即便當地人沒發現這些東西的好，但是因爲其他地方的人很感興趣地說「很厲害噢」，而能夠讓產地的年輕製作者與自己的工作產生連結就太好了。

O：以現在來說，儘管民眾對日本手工業的關心度提高了，但在八〇年代，向年輕人引薦日本工藝品的人不是也沒幾個嗎？

H：我的個性很直，老實說，我並不會因爲是誰的作品就說很好。當我被一件物品吸引，就算只是個餐桌擺設也會想要積極地去搭配看看。北歐的東西，雖然從年輕的時候就開始買「DANSK」，但那時並沒有特別註明設計師。往往是買了之後去查才知道，全都是提摩・薩帕涅瓦（Timo Sarpaneva）所設計的。要說這是因爲沒有先入爲主的觀念去看東西，再次看到的時候，喜好就會變得很集中嗎？……與其透過知識，我想應該是「先用自己的眼光來看」吧。由於我是類比時代的人，光是看網路和型錄，完全沒辦法理解。如果沒看到實物，是消光，還是亮光、尺寸感到底是如何，我是沒辦法了解的。所以，規畫搭配就很花時間。相對的，要說是我對自己的眼光很有自信嗎？不管是在展場看到的樣子，或是顏色的細微差異，因爲經驗豐富，只要用眼睛看就能夠判斷。

因爲從我做造型師的時代開始，一直都有用自己的眼光來看，細節或是細微差異，甚至是更細微之處，因爲資料都已經輸入腦袋裡了，絲毫不會動搖。雖然看似是用直覺和感覺來決定，但即使是第一眼，我也可以從數據和經驗來做某種程度的分析，也會計算出「這個絕對不會看膩」、「這是我喜歡的樣式，長年愛用的東西絕對不會錯」這樣的判斷。

O：堀井小姐是在工作之前，也就是說從學生時代開始，身邊或日常生活中，都使用好的東西，而形成現在的愛好嗎？

H：與其這麼說，不如說因爲我是愛吃鬼。學生時代到歐洲實習旅行時，晚上我會用色鉛筆記錄白天吃的東西。結婚後，與先生兩人的旅行也是，到法國、英國和北歐，透過朋友介紹，會到素昧平生的人家裡借住，讓他們招待用餐，也會詳細記錄料理或很喜歡的餐桌布置。

O：是這些經驗造就了堀井小姐？

H：比起餐廳的料理，我更喜歡家庭料理。我對家庭料理的菜色搭配和餐桌布置很感興趣。雖然偶爾也會去豪華的餐廳，但我感覺好像跟我不合。實習旅行期間，我曾在修道院短暫寄宿過。某天想說「好歹在最後一天，去餐廳吃法國料理吧！」於是和朋友一起去，結果隔天身體很不舒服。如果是家庭料理，我就完全沒問題。

O：七〇年代你就已經去北歐旅行

了！儘管如此堀井小姐也沒有「因爲是日本的東西，因爲是北歐的東西」這種先入爲主的觀念。

以前堀井小姐在DO買過長崎風箏吧！我在某本雜誌上看過你將它裝飾在家裡，你把這個風箏放在當代藝術的抽象畫家埃斯沃茲・凱利（Ellsworth Kelly）的作品旁。兩者都是十字形的圖樣，所以非常相稱。你並沒有風箏是日本的東西這種先入爲主的觀念，只是以圖樣爲動機來擺設，讓我覺得「不愧是堀井小姐」。讓我又再次感到堀井小姐不是用語言來擇物，而是用可以看到物品本身的方式來決定。

H：對我來說，完全沒有這是藝術、那是民藝品，或那是玩具的區別。我覺得找到的物品很酷、若是想把它裝飾在家裡，就會使它變成室內裝潢的一部分。不用眼睛看是不會發現它的珍貴價值。日本玩具的世界也是一樣，因爲用色很有趣，我很喜歡看這類的書。去二手書店也是，只要封面吸引我，就會買下來。

好厲害啊、好酷啊！相對來說，買回家後時常看、想從中獲得刺激這件事，就代表著零用錢不受限……從年輕到現在，這種興趣幾乎沒變過，然而長時間下來用自己的眼睛看、動手做，能爲自己帶來不曾發現過的新領域而感到有趣，所以我都盡可能地接受各種刺激。

O：所謂的無垢之眼，雖然是從過往經驗中培養出來的眼光，但是要有這種眼光去看東西，其實並不容易。不知不覺就變成以資訊導向，漸漸地會去意識到這是「某人的作品」。不過對於能看出物品本質來說，儘管不容易卻很重要呢！我雖然也會去產地選品，但總是會想說自己能否排除先入爲主的觀念來挑選呢？現今社會充斥很多已經有的且廣爲人知的東西，在這樣的環境下，作爲店家要如何向顧客介紹才好呢？我想這表示必須有看東西的新觀點，而且會想要把它介紹出去，而這也意味著堀井小姐正是我的目標。我想要像堀井小姐那樣一直擁有不受侷限的觀點。

H：是嗎？謝謝你。

O：因爲我常覺得你選的東西眞的很棒，爲什麼我沒有辦法早你一步先發現呢？有種嫉妒的感覺（笑）。

H：剛剛提到的長崎風箏，我以前在別的地方買過風箏喔！是三個一組、小小的黑色家徽風箏。明明就用不到，但就是會有想要擁有的時候。我喜歡特殊的東西。不少的收納書都寫著「幾年以上沒用到的東西就丟掉吧！」但我覺得使用的物品與喜歡的東西不一樣，對某些人來說可能是垃圾的東西，我卻非常珍惜，怎樣都捨不得丟掉……。

O：眞的是這樣沒錯！

※秋田縣仙北市角館町雲然地區生產的細緻手工藝品，將板屋楓樹皮削成薄長片編織而成。

埃斯沃茲．凱利的當代藝術作品與長崎風箏融合一致的客廳。這就是堀井和子的觀點。

從30年以前開始就在早餐中使用的Wedgewood白色餐具。喜歡的東西從未改變。

五位對談者給CLASKA Gallery & Shop“DO”的一段話

「對你來說，DO是什麼樣的店？」
參與對談的五位人士
各自寫下了對DO的印象和一段話。

From

—

菲利浦・威茲貝克

—

PHILIPPE WEISBECKER

「

從2008年開店到現在，不管是紅色的碗、札幌的時鐘台、郵筒等等，我爲DO畫過各式各樣的作品。而且，我總是一邊抱著期待地參與其中。

我覺得感受性很高的大熊先生擁有普遍性的美感，是個單純地對於感受性強的物件有愛的人。這樣的東西我也很喜歡，所以和他有強烈共鳴。

」

From

—

麥可・艾伯森

—

MIKE ABELSON

「

我喜歡砂鍋底部的鍋巴。明明乍看之下是那麼簡單，卻可以將如此複雜炊煮狀態下的米煮得那麼好吃。以前的人覺得好吃的東西，現在也覺得好吃的原因，在於或許人類並沒有比自己所想的改變得那麼多。我覺得在DO的店裡陳列的這些傳統道具，似乎可以教未來的人什麼才是必要的。

」

From

—

堀井和子

—

KAZUKO HORII

在DO的店內走一圈，我只有「啊」的讚嘆。好像去旅行的感覺。被櫃子的內裝與桌子的一角，「忽」地抓住了目光。喜歡上之後，也開始喜歡周圍的東西。長崎風箏之外，看到八朔馬、鯛車等鄉土玩具的創作，心中雀躍不已。

在此可了解，在日本與國外被慎重地製作出來的器物的溫暖樣貌，並不知不覺地被它們擄獲了。

From

—

西條 賢

—

KEN NISHIJYO

目黑的店有一扇大窗。在涉谷PARCO地下樓的店則是許多人往來之處。這兩者的共通點應該就是都帶著沉穩而新鮮，能讓人感受到微微激進氣氛的地方吧！

DO是個可以輕快地一直深入汲取觀點的聚合體。從排列得很有品味的物品的樣貌中可以感覺到與創作者同感的總監的態度！是一家值得信賴的店。

From

—

皆川 明

—

AKIRA MINAGAWA

從DO陳列的物品中，可以看出創作者對於形式與用法的觀點。在那些物品的單一空氣感中，經常和感覺相連結，這或許是大熊先生的選品不管是藝術品也好、道具也罷，都是以生活的眼光選出來的。

對我來說DO既是一間可以享受大熊先生選品的店，也是發現生活中新事物的重要場所。

日本橋

NIHONBASHI - TOKYO

MADE IN NIPPON CRAFT

Do嚴選！日本的名家工藝

一般來說，所謂的工藝，是透過人的手所做出來的東西，大部分是指來自「手工」所產生的東西。DO的店裡陳列著各式各樣的工藝品，從懷舊的民藝品，到以新手法製作完成的器物等，一應具全。本章所介紹的物件，與其說是「設計」，用「工藝感」來定位可能更為貼切。
現在就來介紹總監大熊健郎所選出的名品吧！

文＝大熊健郎
（CLASKA Gallery & Shop“DO”總監）

Tsuyazaki-ningyo / Momabue
Nagaokanekoma-seisakujyo / Higonomori
Eri Fukuda / Leather jewelry
Nagasaki-bata
Wakako Sakamoto / Cup&saucer
Kuwazoeisao-shoten / Shurohoki
Tsukasaseitaru Yukaishachusoragumi / Ohitsu
Kutani seal / Kikukobachi
Imari-touen / Natsumedobin&Kumidashi
Okujun / Yukitsumugi Shawl
Mitsuru Koga / Flat box
Shigeki Fujishiro / Frames
Tsunehisa Gunji / Utsuwa
Yoshie Maejima / Takekawa-ami

津屋崎人形的貓頭鷹陶笛

（　福岡縣　）

MADE IN NIPPON CRAFT

1

Tsuyazaki-ningyo／Momabue

「貓頭鷹陶笛」
小：W45×D50×H35mm／日幣1200圓，稅另計
中：W65×D80×H55mm／日幣1400圓，稅另計

可愛的大前輩

世界正吹颳著空前的可愛玩偶風。日本各地的縣市鄉鎮無不竭盡全力在製作代言玩偶。儘管只是吉祥物，卻有著能左右地方經濟的驚人力量。究竟，日本人這種無與倫比喜愛玩偶的天性是從何而來的呢？

有著一雙圓睜睜的眼睛直盯著人看的貓頭鷹，是福岡縣福津市的津屋崎人形的「MOMA笛」。「MOMA」在津屋崎方言的意思是貓頭鷹。「MOMA笛」的起源，據說是因爲貓頭鷹有看見未來的能力，而模仿牠的樣貌做出來的陶笛，也被當作是幸運物。津屋崎人形的特徵，不管怎麼看都是那種光澤感和鮮豔的色彩。貓頭鷹的前額也閃閃發亮。

儘管光鮮亮麗卻不減它的可愛。即使對鄉土玩具沒興趣，看到也一定會不自覺地泛起微笑。最出色的地方就是那崎形的品味。將造型單純化所產生的感性，以及喜愛這種感性的日本人的心，不正是這些在日本各地不斷被製作出來的鄉土玩具所培育出來的嗎？嗯，一定是這樣沒錯！

尾駒製作所的肥後守

(兵庫縣)

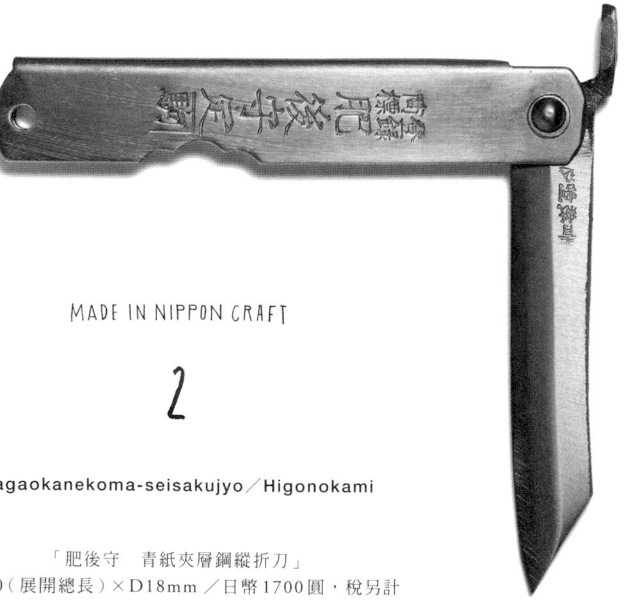

MADE IN NIPPON CRAFT

2

Nagaokanekoma-seisakujyo／Higonokami

「肥後守　青紙夾層鋼縱折刀」
W170（展開總長）×D18mm ／日幣1700圓，稅另計

日本也曾有過小刀的黃金時代

如果說「男人學會用刀才算獨當一面」，那麼已過了人生折返點的我不就是相當靠不住了……。的確，就法國來看，幾乎人人都很會用刀。說起來，刀是人類最早拿在手上使用的工具呢。所以，說刀是工具的原點一點也不爲過。

刀這個工具，在日本也有過連小孩子都能在日常中使用的時代。其中最有名的就是這個肥後守※，以黃銅壓製的刀柄，可將鋼材鍛造的刀刃簡單折疊收納的刀具。方便攜帶而且堅固耐用，也因爲構造單純，可以低價大量生產，在昭和三〇年代被當作削鉛筆的文具用品，小孩子們幾乎都會用到。眞是個不錯的年代啊！

黃銅的刀柄與青鋼的刀刃兩者間的平衡非常優雅。現今製作這個肥後守的僅剩位在兵庫縣三木市的永尾駒製作所一家而已。在黃銅板上印刻的「肥後守定駒」字樣眞的很好看，對吧？我非常理解爲什麼這把刀會成爲外國人喜愛的伴手禮。

※由永尾駒製作所登錄為商標，現在已成為日文中折刀的總稱。

深田惠里的皮革首飾

（　埼玉縣　）

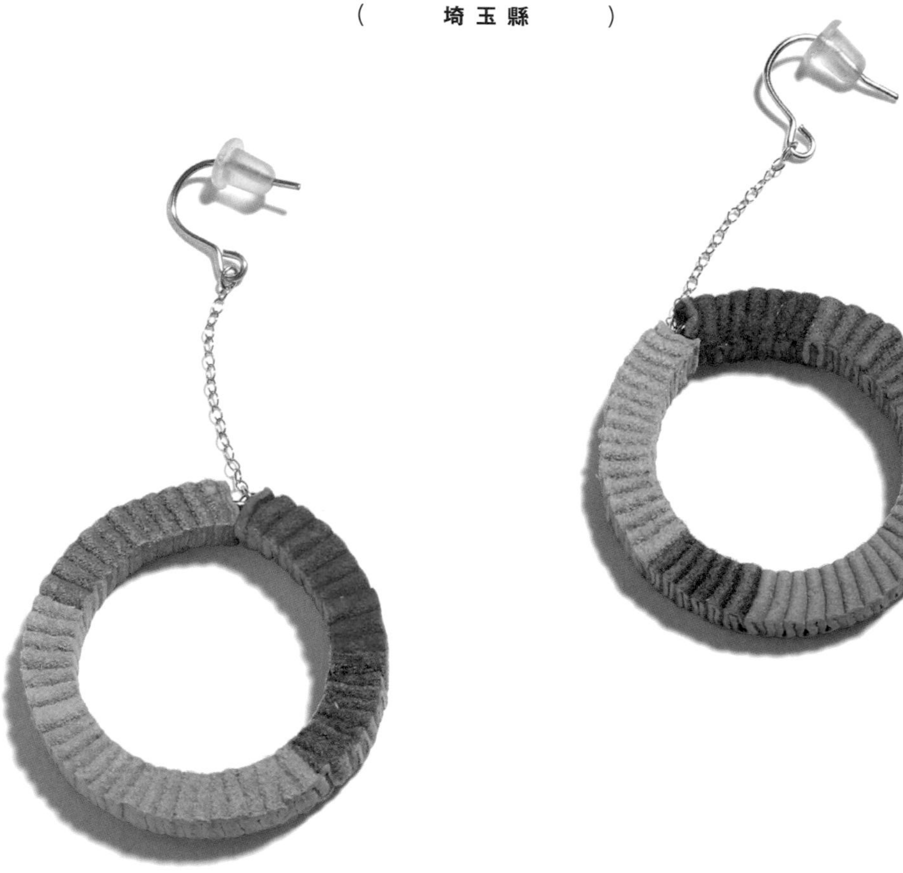

MADE IN NIPPON CRAFT

3

Eri Fukuda／Leather jewelry

148頁「tazuna耳環swing環L」W32mm、鏈長24mm／日幣4500圓，稅另計（1對）、149頁上「tazuna胸針 環S」Φ40mm／日幣4500圓，稅另計、149頁下「戒指S」Φ40mm／日幣4500圓，稅另計

鼓動想像力的顏色與造型

以簡單的幾何造型與灑脫的色彩搭配組合。既有現代感，又不會太過銳利，這不正是皮革這種自然素材才做得到的嗎？可以說，這已經不只是首飾，而是如同可帶在身上的雕刻藝術。深田惠里的皮革首飾有著鼓動使用者想像力的力量。

將不常用在首飾上的「皮革」材質，以簡單的方式摸索出新的突破點，可從中感受到皮革從平面到立體自在地變化出趣味與可能性。找到豬皮這種柔軟且透氣性佳，可變化多種色彩的素材，很了不起。事實上，豬皮皮革正是東京當地的產業。

深田惠里學生時代主修空間設計，畢業後有一段時間曾從事室內設計相關工作，由於無法壓抑原本就喜歡動手做東西的個性，於是開始創作。她的作品就跟她本人一樣，既明朗又有行動力，讓人感覺似乎潛藏著某種能使人變得積極的魅力。

長崎風箏

(長崎縣)

MADE IN NIPPON CRAFT

4

Nagasaki-bata

150頁「長崎風箏：波上千鳥」、151頁左「長崎風箏：十字藍」、
151頁右「長崎風箏：日一」W650×H600mm／
各日幣2800圓，稅另計

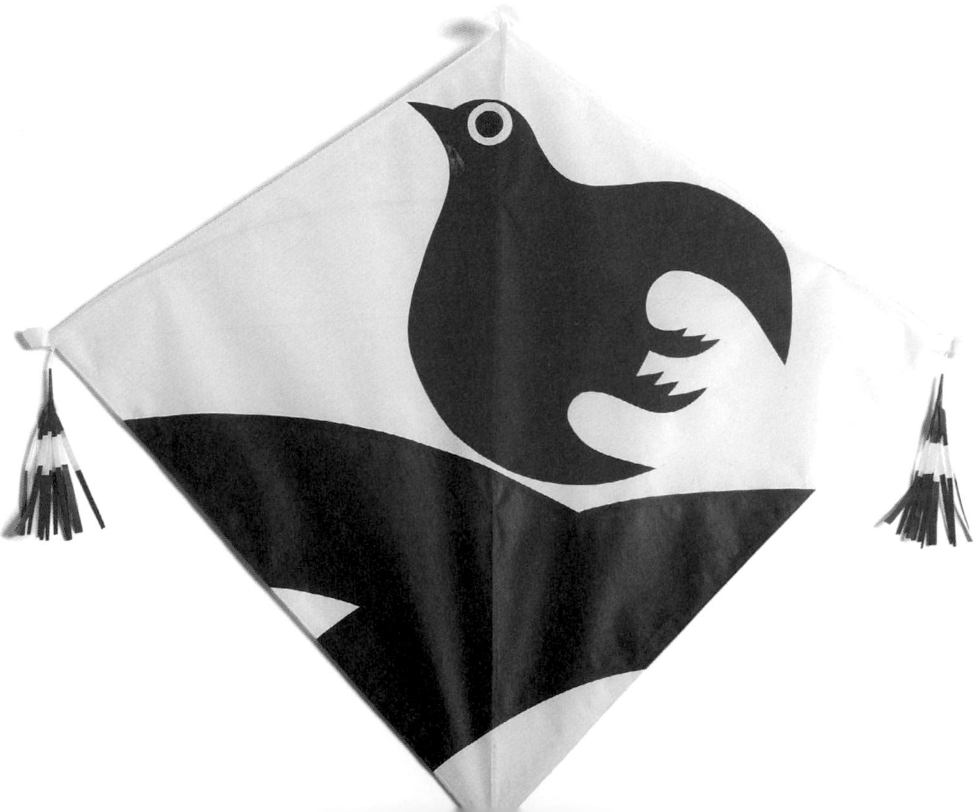

嶄新設計的淵源

鮮豔的紅色與藍色形成簡單的圖樣，讓人印象深刻，這就是長崎縣流傳下來的長崎風箏。就算不知道是從江戶時代起日本就有的表現法，這種嶄新且有力道的設計性還是能讓人爲之傾倒。而且，這種設計自有其發展淵源。

據說長崎風箏（一般日文發音爲「TAKO」，但長崎則是發音「HATA」），是十四世紀中從唐朝和荷蘭來到日本的外國人所傳來的。實際上風箏所使用的圖案有不少都是採用荷蘭船的旗幟與標誌。原來如此，怪不得這麼優雅。但是理由不只這樣，原本長崎風箏是一種「競賽風箏」※，爲了能夠辨認出飛舞空中的哪個風箏是自己的，所以才繪製成這樣簡單卻強而有力的圖樣與顏色，也就是說，高視覺辨認度很重要。

飄在藍天上的長崎風箏的姿態，實在很壯麗！但現今的時代，很現實地幾乎沒有能放風箏的機會和場所……。這樣就表示遺憾未免也太早了，還有個方法任誰都能夠樂在其中，那就是把它裝飾在家裡，掛在牆壁上也會是很棒的現代藝術喔！

※在空中和其他風箏互相纏線再分開的競技。

坂本和歌子的杯盤組

（　大分縣　）

MADE IN NIPPON CRAFT

5

Wakako Sakamoto／Cup&saucer

「白百合杯盤組」
杯子：Φ（含把手）×H70mm、
盤子：Φ140×H12mm／日幣5000圓，稅另計

和洋混血

坂本和歌子的器皿在高雅的氣氛中，帶著某種豁達感。這是我開店之初所採購的杯盤中，很喜歡的一組。器皿的樂趣之一就在於可以想像使用情景，所以看到這個器皿時，身爲紅茶愛好者的我，所想的就是「現在好想用這個來喝紅茶」。

坂本和歌子做陶用的是半瓷器土。半瓷器土就如字面上的意思，是擁有陶土與瓷土兩種性質的土。它的特徵是耐火度高，可以燒出純白又細緻的完成品，但是是比陶土更難捏塑的土。小心地捏塑成形，並讓它乾燥後，爲了產生獨特的純白表面，施以自己調製的釉藥，然後用攝氏一千兩百五十度的高溫燒製。冷卻後，就產生了這種溫和的質感。

坂本和歌子於二〇〇七年在大分縣的臼杵市正式以陶藝家的身分開始活動。雖然是經歷過上班族生活之後才轉職，在自己的工作室開設陶藝教室，但現今已是擁有很多學生的人氣老師了。我想，大家一定也是在教室裡使用這組杯盤來喝紅茶吧！

桑添勇雄商店的棕櫚掃把

（　和歌山縣　）

MADE IN NIPPON CRAFT

6

Kuwazoeisao-shoten／Shurohoki

154頁「棕櫚掃帚3束 荒神帚（除塵把）」
H180mm／日幣1500圓，稅另計、
154-155頁「棕櫚掃帚5束 掃把」
H1230mm／日幣4500圓，稅另計

宿有先人智慧的風格道具

在吸塵器故障的那天，不得已只好找出老掃帚開始打掃，沒想到還眞是太好用了。不只是地板、連踢腳板的上緣和窗溝都輕輕鬆鬆掃得乾乾淨淨。移動也很簡單任何角落都掃得到，反觀電器就沒辦法了。這麼好用的工具竟然要消失了……。

桑添勇雄商店位於和歌山縣西北部，過去被稱爲棕櫚之谷的野上谷的聚落裡。在這個地方出生長大的桑添勇雄是從昭和三〇年代開始製作掃把的棕櫚帚職人。

棕櫚的纖維很細，有很好的集塵效果，而且鬃毛柔軟不會刮傷地板。加上纖維含有油脂，持續使用的話，還能使地板產生光澤。我個人特別喜歡的是，被稱爲荒神帚的除塵把，用來掃除餐桌上的麵包屑、電腦鍵盤縫隙的塵屑等很方便。我每天都用得很勤。這讓我深刻感受到，以前的道具是積累了先人智慧的優秀物品。

司製樽×
YUKAI社中SORAGUMI飯桶

（　德島縣　）

MADE IN NIPPON CRAFT

7

Tsukasaseitaru×Yukaishachusoragumi／Ohitsu

「飯桶」Φ205×H140mm、蓋子H50mm（3.5杯米）／
日幣1萬9000圓，稅另計

召喚支撐媽媽味餐桌的你

如果問我喜歡吃的東西，我會毫不猶豫地回答「白飯」。我從小就超喜歡吃白飯，即便現在已是不折不扣的中年人了，每天還是吃得很開心。變成大人之後，被稱作酒量差的愛吃飯男子實在很難爲情……。

日本的老電影經常出現，坐在矮桌子前媽媽從飯桶裡盛飯的畫面。本能地覺得那飯看起來好好吃，就變得很想吃飯。終於在迫切期待下，被我找到了這個飯桶。

乍看下不過是個普通的飯桶，卻會讓人一直盯著看。容易壞掉的蓋子已經重修過構造，銅製的箍環做工細緻，爲了不割傷手，接腳採用熔接的方式仔細處理過；在黏著方面，一般都用木工用的黏著劑，但在這個時代竟還使用了傳統稱爲「米糊」的米做醬糊，完全不怕費工，徹底追求「當今時代應該要有的飯桶」。

用最高級的日本花柏木裝一下子就會被吃光的飯，只能說實在太特別了。我變得更愛吃飯了。

KUTANI SEAL的菊小鉢

（　石川縣　）

MADE IN NIPPON CRAFT

8

Kuntani Seal／Kikukobashi

「菊小鉢」右起，兔寶寶、小鳥、蝴蝶、天燈、梅上鶴
Φ83×H30mm／各日幣1400圓，稅另計

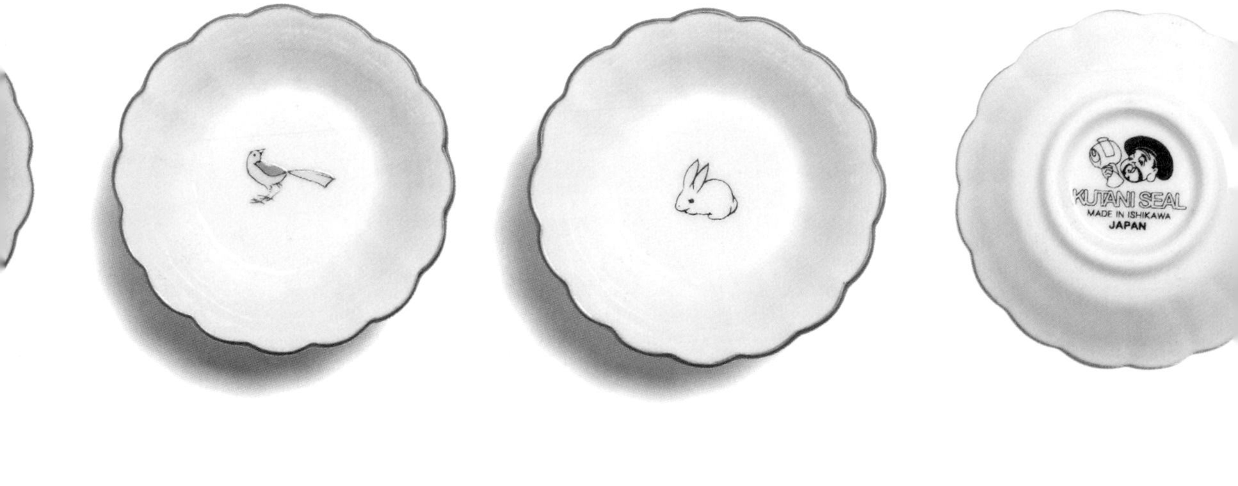

歷久彌新的「今」九谷

燒製日本料理餐具與茶陶的上出長右衛門窯，從明治時代開始就是九谷燒的窯匠代表。年輕的第六代上出惠悟個性木訥卻內藏才氣，是個很有味道的人。原本在美術大學專攻油畫，如今已成爲創作九谷燒而活躍的當代藝術家。

第一次看到上出惠悟的作品，並非陶器，而是他爲某間老牌酒藏畫的酒標。畫著十二生肖酒標圖案的筆觸與用色，非常輕巧灑脫，在描繪純日式圖樣的同時，也巧妙地傳達出現代感。KUTANI SEAL的器皿，就運用了將上出惠悟所畫的圖樣轉印到陶器上的技術。

KUTANI SEAL是上出長右衛門窯與企畫日本製產品的丸若屋合作完成的品牌。此處介紹的，是可以簡單品味九谷燒精華的系列。這個菊小鉢系列有大家所熟悉的兔子、天燈等上出長右衛門窯的傳統圖樣，以及小貓、蝴蝶等洋溢著上出惠悟的品味與幽默感的圖案，是可以享有收集迷你小盤樂趣的器皿。

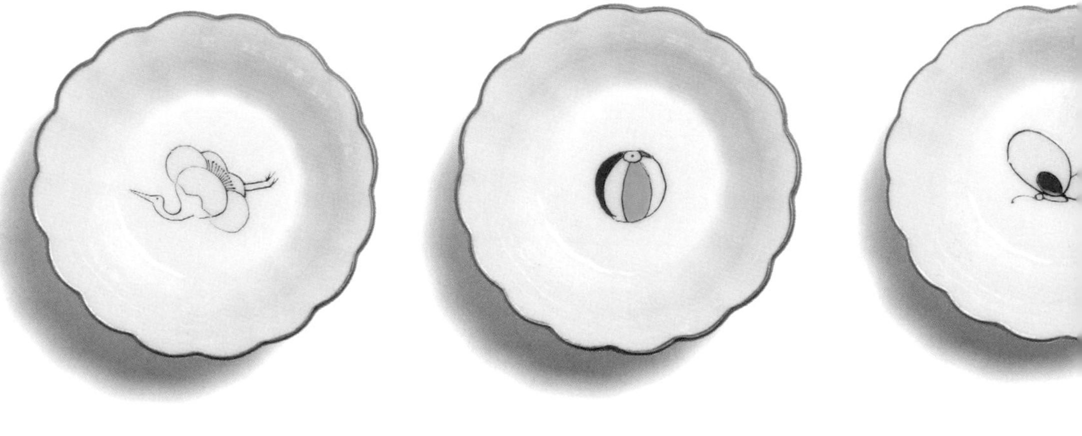

伊萬里陶苑的棗形土瓶與杯

（ 佐賀縣 ）

MADE IN NIPPON CRAFT

9

Imari-touen／Natsumedobin&kumidashi

健康的道具與健康的生活

我從沒看過比在日本各處奔走、自稱「個人經銷商」的手工藝採購者日野明子更名副其實的人了。不管何時打電話給她，總是會得到「我昨天才從德島回來」、「現在在高岡喝酒」等回答。

如此厲害的日野明子介紹給我的「好東西」之一，就是這個伊萬里陶苑的棗形土瓶與杯。請看看這個連「瓜子臉」也會想變成的胖嘟嘟又沉靜的模樣。樸質而不俗，剛冷而溫潤，不正傳達出器物的品格嗎？特別是使用純度並不高、有較多鐵質的土來做，雖說是瓷器，卻可以感受到陶器般的溫潤。話說，並非純白就是好的。

每天使用的器物，在不知不覺間都會爲使用者的行爲與生活方式帶來影響，所以選擇器物是很重要的。如果每天都使用像這個土瓶與茶杯般，如此健康又美麗的茶具，一定能夠過著健康的每一天。

160頁「棗形土瓶」Φ110×H200mm（含提把）／
日幣5400圓，稅另計、
161頁「棗形杯」Φ67×H67mm／
日幣1200圓，稅另計、

「披肩」右起，黑、黃、桃紅、綠
W1900×D460mm／
各日幣1萬8000圓，稅另計

奧順結城紬披肩

（茨城県）

MADE IN NIPPON CRAFT

10

Okujyun Yukitsumugi／Shawl

在現代活用傳統這回事

吃著鰻魚飯的時候，我突然想到，最早開始把山椒當作食品的人，品味實在非常好。雖然大家都知道絹的原料是來自蠶繭，但仔細一想，把蟲子吐出來的絲編織成織品，做成衣服的這個發想實在很厲害啊！先人的智慧與想像力眞是讓人佩服。

茨城縣結城市流傳下來的結城紬是現今日本留存甚少的自然布之一。把蠶繭放進碳酸氫鈉的熱水中，讓它散開後做成蠶絲，然後再用這個蠶絲紡成線。紡好的線用紡織機織出綢緞，就可以做成和服了。這段敘述雖然簡單，但這工程可是驚人的繁瑣與花時間啊。

生活型態改變後，對和服的需求也減少了，爲了配合現代的生活，職人們在產地摸索著活用結城紬的方法。其中之一就是披肩。結城紬的特點就是不過度華麗的高雅手感和輕柔的溫暖，果眞是會讓人想要隨身攜帶。我覺得，結城紬的披肩是一個以傳統的自然形式活用於現代的好例子。

古賀充的扁紙箱

（　　神奈川縣　　）

MADE IN NIPPON CRAFT

11

Mitsuru Koga／Flat box

「扁紙箱」W220×H160mm ／日幣2000圓，稅另計

讓看不見的風景露出來

古賀充的嗓門非常大，遠遠聽到就知道「啊，是古賀先生」，讓人不自覺地露出微笑。然而這樣的大嗓門卻能察覺誰也沒注意、沒能看見的風景，並將它撿拾起來。我認爲古賀充驚人的纖細內在正與他的大嗓門表裡相應。

石頭、枯葉、漂流木、紙、鐵絲、紙箱。造型家古賀充的作品是拿身邊的素材當材料，以沉靜的方式微微地表現出潛藏在自然與日常生活中的詩意與美感。不管哪個作品，都讓人覺得像是以前就存在的自然物一樣的不可思議。支撐著他那靜謐的表現方式的，正是古賀充令人驚奇的手工作業技術，說起這個的話，不就是古賀充的大嗓門嗎？

這個扁紙箱是「仿瓦楞紙的瓦楞紙素描」。作品的精髓就是直接拿來作信封使用的產品。說是產品，其實是創作者一點一點手工做出來的。在藝術的氛圍中，可以感受到古賀充式的幽默與溫柔。

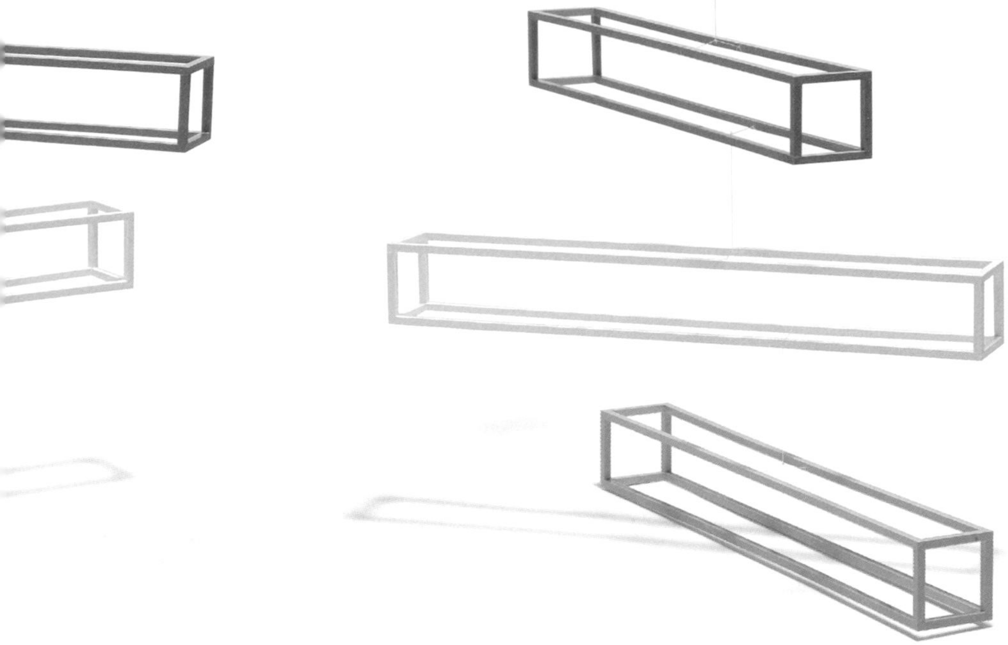

「框架」W300×D40×H40mm（1組）
垂吊高度可以調整／日幣2萬4000圓，稅另計

藤城成貴的框架

（　東京都　）

MADE IN NIPPON CRAFT

12

Shigeki Fujishiro／Frames

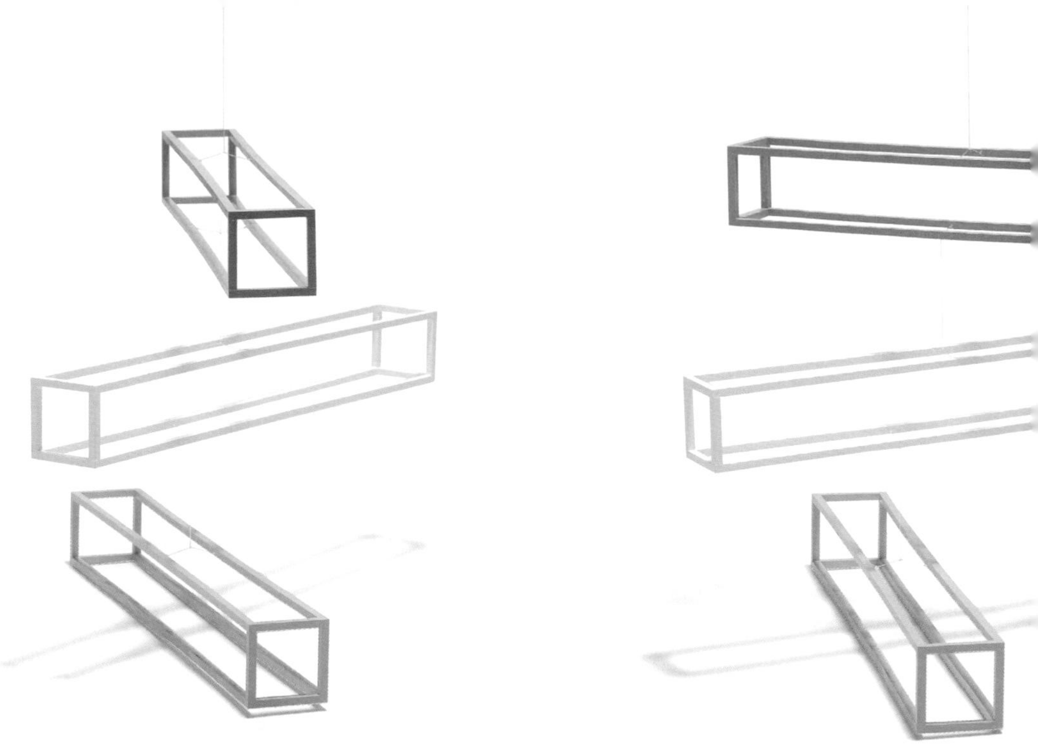

仔細思考過的點子與形狀

藤城成貴是我不必太顧慮的朋友之一。我們兩個聚在一起總是聊一些沒營養的話，但是話題只要談到設計和創作，他就會像是變了個人似的，開始露出認眞的表情。如今藤城成貴作品的獨創性所要傳達的已經超越他能說的，也讓世界開始對他側耳傾聽了。

「FRAMES」是藤城成貴的代表作之一。用四公釐的檜木角材組成宛如拉出正方體直線，做出架子的結構，然後以透明的線連結數個重複的框架完成的垂吊物，是個會動的雕刻作品。乍看之下會覺得很簡單，實際上要完成它是很費工夫和花時間的。因爲這個中空狀態的框架沒有中心點，要把線綁在什麼位置才能讓架子不傾斜而保持平衡，需要一次次檢證才找得出來。

幾何學的框架宛如在空中浮游、充滿詩意的藝術垂吊作品。當光照到的時候，影子投射在牆壁上，搖盪的模樣美極了。這正是手工藝術之美。

郡司庸久的器皿

（栃木縣）

MADE IN NIPPON CRAFT

13

Tsunehisa Gunji／Utsuwa

169頁從上到下「馬克杯（中）」Φ77×H85mm／日幣2300圓，稅另計、「黑釉茶壺」／參考商品、「8吋皿」Φ245×H45mm／日幣5000圓，稅另計

相遇比任何事都重要

我第一次買的爵士CD是比爾・艾文斯（Bill Evans）的〈Portrait in Jazz〉。莫名其妙地開始對爵士產生興趣，完全沒有任何相關知識，就在大學合作社裡的中古CD區裡，憑著封面就買了，這是我自傲之處。但是現在想起來，其實是很幸運吧！

現在我雖然是一副很喜歡器皿的樣子，但過去卻對陶藝家的作品沒什麼興趣。我開始喜歡器皿的契機，是遇到了郡司庸久的器皿。連沒有相關知識的我，一眼看到就覺得好，不僅外形好，釉的用色也很棒，整體來說，郡司庸久的器皿有著絕佳的平衡感。樣子不會過於笨重、也不會太輕，即使是現代的生活方式也能毫無異樣感地融入，也容易搭配其他器皿。實際使用後，不管是盛裝什麼樣的料理都能顯現出料理應有的樣貌。完全無可挑剔。

郡司庸久的器皿對我來說簡直就是比爾・艾文斯的音樂。這就是與「我的標準」的相遇。人生，果然相遇還是最重要的事。

前島美江的竹皮編織

(　群馬縣　)

MADE IN NIPPON CRAFT

14

Yoshie Maejima／Takekawa-ami

170頁「提籃」W220×D195×H115mm（含提把高度220mm）／日幣3萬8800圓，稅另計、
171頁右起「風車小籠」／ Φ165（底部）×H150mm／日幣3萬圓，稅另計、
「八角盤」W290×D260×H60mm／日幣1萬5000圓，稅另計、「杯墊」Φ95mm／日幣2600圓，稅另計

誕生於高崎的現代工藝

這是有著蓬鬆柔軟觸感的籃子。而且不是用竹子編成的，而是「竹皮」編的籃子。材料如字面上所示，就是竹子的皮編結而成。不覺得這個質樸溫暖的樣子很有現代感嗎？

從群馬縣高崎流傳下來的竹皮編織，其誕生的背景中，存在著一位德國建築家布魯諾・陶德（Bruno Taut），沒錯，桂離宮就是因爲他的評論，才被世界認可了它的價值。戰前來到日本的陶德，任職於高崎的工業試驗場，兩年期間擔任當地傳統技術和素材生產的工藝指導。應用在高崎流傳的「南部表」這種草鞋編織技術所產生的素材就是這個竹皮編織。會讓人感覺有現代風格的原因就是這個吧！

一度絕跡的技術，現在由一位竹皮編織工藝師前島美江重新再造直至今日。這並非勉強將傳統原封不動的留下來，而是咀嚼技術與材料之後，配合時代的需求來改變製作方式。像這樣琢磨把技術流傳給後代，才是最重要的思考方式。

MARUNOUCHI-TOKYO

ORIGINAL

DO製作物的故事

不只搜尋來自日本各地的好東西，DO本身也生產商品，包括與信賴且心意相通的創意者們一起開發的物件，和委託擁有傳統技術的地方手作職人製作的原創器物等。本篇正是要向各位介紹，因這些商品誕生所衍生的美好相遇，以及適用於現代生活的各種器物。

因合作而誕生的商品

從人氣插畫家到料理家。
創意工作者們所創造出來的，
只有在CLASKA Gallery & Shop “DO”才能買到的各種特別商品。

COLLABORATION

× 菲利浦・威茲貝克

DO開幕之初，委託了威茲貝克做購物袋的插畫設計，而一直合作至今。圖中的明信片是為了料理研究家長尾智子的著作而繪製的商品。

Profile

1942年出生於法國。1966年自法國高等裝飾藝術學校畢業。1968年移居紐約，從事藝術與插畫工作。目前以巴黎及巴塞隆納為據點進行創作。在DO至今已舉辦過三次作品展。

「菲利浦・威茲貝克」的〈早・午・晚・茶〉插畫展明信片組　紅」16張入／日幣2400圓，稅另計

料理研究家渡邊麻紀的作品讓人感受到來自生活中的溫柔。鋁製便當盒是以幼稚園小朋友的便當盒爲藍圖所誕生的設計。儘管一如過去的質樸，卻是不斷開發豐富生活道具的DO所完成的，充滿DO風格的商品。

Profile

料理家。曾任平面設計師，2005年出版《鼠尾草供餐室》。在書籍雜誌中提出從季節性食材裡用大量蔬菜製作對身體有益的溫和料理。
http://www.makiette.com

×

渡邊麻紀

「渡邊麻紀的鋁製便當盒」小：W150×D100×H35mm／日幣1800圓，稅另計。大：W160×D110×H40mm／日幣2000圓，稅另計

「鱷魚小車（小）」W180 × D36 × H63mm ／日幣 1 萬圓，稅另計

堀井和子

這是旭川的木工公司根據堀井和子的插畫所做的「鱷魚小車」。喜歡鱷魚的堀井和子以自己喜歡的亞歷山大·考爾德（Alexander Calder）的雕塑和日本鄉土玩具爲範本而設計，而且是一個個手工塗上顏色和圖樣所完成的。

Profile

1954 年出生於東京。畢業於上智大學法國語文學系。因為對於烹調食物的喜愛不斷升溫，而成為料理造型師。除了料理造型之外，也執筆撰寫與料理、餐具、家飾、雜貨、東北傳統工藝等相關的書籍與文章。

畫家牧野伊三夫親自爲每一個「DO的白色不倒翁」上色。有兩種顏色，分別暱稱爲「九谷」（左）與「佩魯」（右）。這是身爲創作者的牧野伊三夫以民藝的精神所做出來的、嶄新的民藝。

Profile

畫家。曾參與許多書籍、雜誌、廣告的插圖和裝幀等。在自己的故鄉北九州市，由市公所設立的振興懇話會發行的情報誌《雲之上》擔任編輯委員外，也從事各種多樣化的工作。

×

牧野伊三夫

「牧野的迷你不倒翁」H45mm ／各日幣2000圓，稅另計

Profile

設計師羅森・席爾瓦(Roshan Silva)7年前到日本發展，在專賣古董與獨創商品的生活用品店的服飾部門，以THE FACTORY為發展據點。

在世界各地奔走的復古狂熱者席爾瓦設計的包包，是參考在法國跳蚤市場買到的古董皮革包所做出來的獨創樣式。無國籍的風格，是一個能感受到DO的現代性的商品。

×

THE FACTORY

「Silva Totebag Leather S caramel」W440 × D140 × H330mm，提把550mm／日幣2萬8000圓，稅另計

這是印有插畫家鹽川泉所畫的法國鬥牛犬的人氣系列。「SWAY」是來自爵士歌手蘿絲瑪麗·克隆尼（Rosemary Clooney）的歌曲。是一件充滿幽默感的商品。

Profile

1980年生於長野縣。多摩美術大學視覺設計科畢業後，2007年開始成為自由工作者。活躍於各種的企業廣告插畫，以及與服飾品牌的合作商品。

×

鹽川泉

「SWAY 迷你包」W230 × H240mm，提把330mm ／日幣3000圓，稅另計

Collaborate with PHILIPPE WEISBECKER

與菲利浦·威茲貝克合作的商品

2

3

1

1.時鐘台手巾
2.時鐘台筆記本
3.時鐘台白色肥皂

這些是為了札幌店開幕所做的紀念商品。肥皂盒可以變成放名片或卡片的盒子。筆記本與手巾都是札幌店的限定商品。

筆記本：W170 × H123mm ／日幣500圓
手巾：W900 × H330mm ／日幣1000圓
白色肥皂：W105 × D65 × H35mm ／日幣800圓

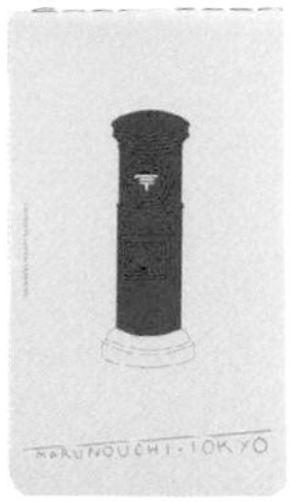

2

1

1. POST筆記本
2. POST便條紙

為了舊東京中央郵局改建為商業設施「KITTE」的丸之內店開幕所畫的圖案，令人懷念的圓形郵筒圖案是受歡迎的限定商品。

筆記本：W124 × H182mm ／日幣500圓
便條紙：W72 × H125mm ／日幣300圓

POST托特包

在丸之內店限定販售的圓形郵筒圖案托特包。因為是用厚布做的，耐用又好用。這是來自世界級的藝術家讓人感受全新風貌的商品。

W360 × D110 × H370mm，提把470mm ／日幣2100圓

Collaborate with MAKI WATANABE

與渡邊麻紀合作的商品

鋁製便當盒
大、小

委託東京老街區的工廠所製作的鋁製便當盒。印在上面若隱若現的手寫數字是出自渡邊麻紀的兒子之手。

小：W150 × D100 × H35mm／日幣1800圓
大：W160 × D110 × H40mm／日幣2000圓

渡邊麻紀的
123罐

附有橡木蓋子的容器。蓋子是出自高岡的木工職人之手，正因木材與玻璃這兩種相異材質的組合，才能如此適當地散發出溫柔的氣氛。

Φ 90 × H125mm／日幣2400圓

Collaborate with KAZUKO HORII

與堀井和子合作的商品

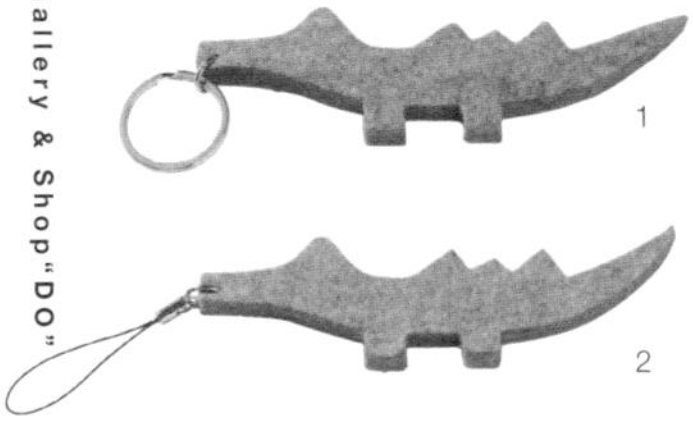

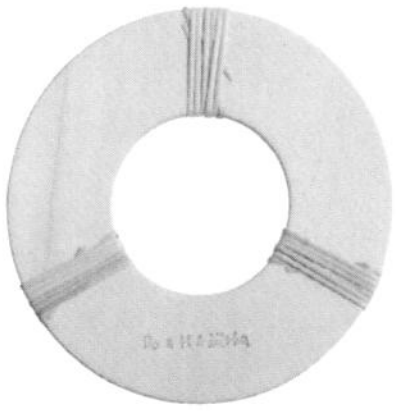

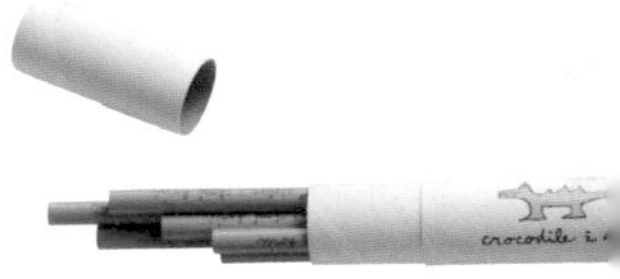

1. 鱷魚鑰匙圈
2. 鱷魚手機吊飾

堀井和子以自己喜歡的動物為藍圖，將簡單的鱷魚素描製作成手機吊飾與鑰匙圈。使用的素材是觸感細緻的毛氈。

W120 × H40mm／各日幣1000圓

TRAIT FIGURE
餐盤　積木體

在厚實而質樸的義大利「saturnia」餐盤上，印了堀井和子用鉛筆描繪的拼貼風插畫，是日常使用的器皿。

Φ 235 × H35mm／日幣2200圓

橡木甜甜圈型鍋墊

成為靈感來源的甜甜圈，也是構成堀井和子圖騰的範本。選擇用橡木做成甜甜圈形狀的鍋墊，搭配藤的材質是本店限定的商品。

Φ 150 × H10mm／日幣3200圓

Crocodile鉛筆

2011年堀井和子在DO舉行「Crocodile & Stationery展覽」時的紀念商品，是東京老街區的鉛筆店所製作。

Φ 25 × H190mm（盒裝）6枝入／日幣900圓

※以上刊登商品價格均未含稅。

Collaborate with Izumi Shiokawa

與鹽川泉合作的商品

SWAY托特包、
肩背包、迷你包、錢包

這些是在手工之國印度所做的SWAY羊毛氈系列的包包。法國鬥牛犬插畫用刺繡繡上，委由黃麻材質的原料店，特別精心製作的物品。

托特包：W480 × D80 × H400mm
提把長度610mm ／日幣5000圓
肩背包：W420 × D110 × H340mm
肩背帶長度790mm ／日幣7500圓
迷你包：W230 × H240mm
提把長度330mm ／日幣3000圓
錢包：W240 × D85 × H150mm ／日幣2400圓
全部都是羊毛製。

SWAY
托特包 S 深藍

小尺寸的托特包，適合短暫出門時攜帶，也是剛剛好用來放便當的尺寸。還有不同尺寸的大托特包。

W300 × D100 × H200mm
提把長度290mm ／
日幣1500圓，聚酯纖維製

SWAY鋁製便當盒
圓形

可愛的圓形鋁製便當盒。內有塑膠製的內蓋，可安心裝入有湯汁的食物，功能完備。堅固耐用，深度夠，容量大。

Φ 125mm × H60mm ／
日幣2500圓

2

1

1.SWAY T恤 oatmeal
2.SWAY T恤 grey

以原創版型製作，100%純棉、舒適感絕佳的T恤。尺寸多樣，男女都可穿。女性用的XS版型合身，衣長較長，任何時尚風格都很容易穿搭。

尺寸XS ～ M ／各日幣3000圓

Collaborate with ISAO MAKINO

與牧野伊三夫合作的商品

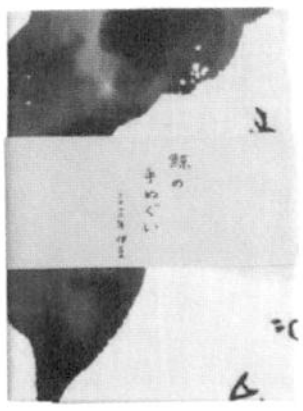

2

1

1. 擦手巾：雀
2. 擦手巾：鯨

由大阪的擦手巾專賣店的老闆夫婦所做。將牧野伊三夫所設計的圖案畫，以過去流傳下來的傳統技法「注染」方式，於擦手巾上染出季節性的圖樣。

W900 × H330mm ／日幣1000圓

牧野伊三夫的迷你不倒翁

畫家牧野伊三夫手繪的不倒翁。「不只注重繪畫風格也重視模樣」製作而成的不倒翁，是牧野伊三夫親筆手繪充滿魅力的商品。

H45mm ／各日幣2000圓

「猴麵包樹的果實」鋁製便當盒

牧野伊三夫將在東非馬達加斯加看到的猴麵包樹果實畫了下來，印在大型的鋁製便當盒上。600ml的大容量作為男性使用的便當盒剛剛好。

W110 × D170 × H55mm ／
日幣3000圓

Collaborate with THE FACTORY

與THE FACTORY合作的商品

2

1

**1.Silva Tote bag
Leather S noir
2.caramel**

使用相當輕的高級皮革製作，像大鍋開口般開得很深的拉鍊設計凸顯出包包的獨特魅力。樣子儘管簡潔樸質，卻十分高雅。

W440 × D140 × H330mm，
提把550mm ／
日幣2萬8000圓

※以上刊登商品價格均未含稅。

與產地的製作者合作的商品

作爲有溫度的生活道具
我們與日本各地的製作者合作的
「DO」日用品，將爲美麗的生活添加光彩。

CRAFT DO

波佐見燒的器皿與筷架

與其說製作所謂純日式的物品，我們更想做的是適合現在生活的原創商品，因而從這樣的想法中誕生出DO原創商品「CRAFT DO」。在波佐見燒的產地所製作的陶器，一方面是日式的，同時也透過世界知名的器皿產地北歐設計，創造出中性的氛圍，其特徵就是長期使用也不會感覺膩的經典感與充滿玩心的設計。包括釉藥在內，每一細節都費心處理的器皿，是可以作爲日常使用的物品，具備容易接受的特性。

DO的盤子

簡單、看不膩的設計中凸顯出質感的雅緻盤子。有不同顏色，也可以當作馬克杯的杯墊使用。

Φ 180 × H12mm ／
各日幣2000圓

DO的碗 S12

可以拿來裝沙拉、麥片、水果，不管用於何種用途，尺寸都剛剛好的碗。是餐桌的基本配備。

Φ 120 × H55mm ／
各日幣1600圓

DO的馬克杯：細款

手持的時候，非常安定好用，對口處也很細緻的馬克杯，一旦用過之後就不會輕易放手，是可以長久使用的日用品。

Φ 90 × W120（含把手）× H75mm
350ml ／各日幣1800圓

1. HASAMI

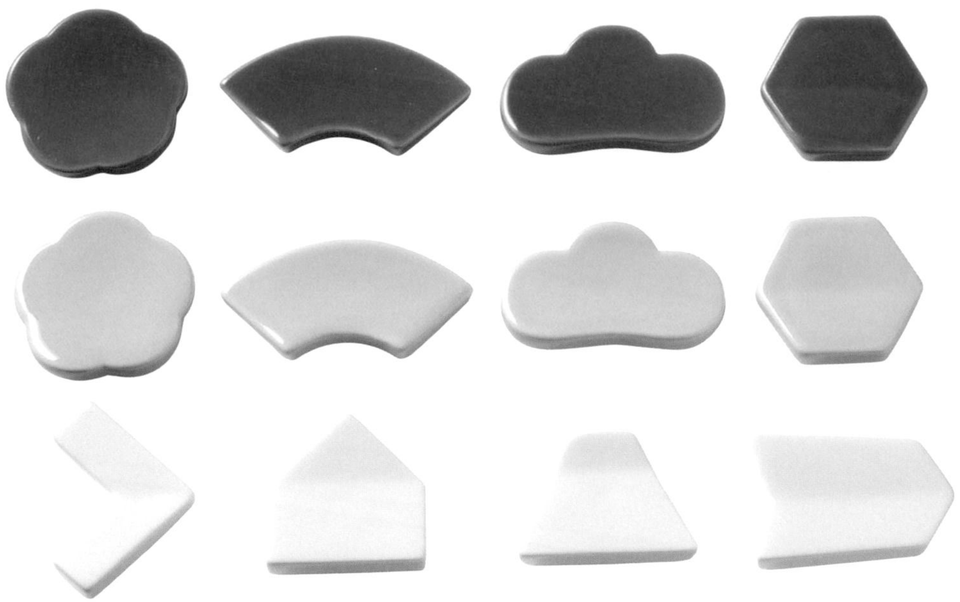

DO的筷架：紅、黃、白

外型做成松、竹、梅等有著日本風情圖樣的筷架。中間做出傾斜度的設計，使得放筷子的時候也能呈現出美感。

Φ約40mm ／各日幣2000圓（各色4個一組）

以象徵日本的圖樣來設計的筷架

2

1

1.富士山筷架　2.松筷架

以象徵日本的富士山與象徵不老長壽的松為圖樣的設計，每天使用都很喜氣的筷架組合。特別以桐箱來裝，適合當作贈禮。

Φ約40mm桐箱裝／各日幣2800圓

DO的馬克杯：寬款

北歐的設計風格凸顯出俐落的樣貌，而渾圓的細節又能讓人感受到民藝溫暖的馬克杯。

Φ90×W125（含把手）×H75mm
350ml ／各日幣1800圓

※以上刊登商品價格均未含稅。

2. KISOHINOKI

木曾檜木的肥皂盒、淺盤、杯墊

這是拜託岐阜縣製作日本酒方形木製酒杯的工廠所做、DO獨家的木曾檜木商品。用製作方形木製酒杯的古典製法所做的肥皂盒，可以看到木材組合之美，擁有作爲生活道具的清爽感。檜木與眾不同的質感與香氣，簡直就是具備了日本特有產物的清涼感的衛浴用品。同樣的木曾檜木做的淺盤與杯墊，也直接呈現出木材質感，讓人感受到物品的簡潔俐落。這是個可以讓人感受到象徵著DO看重材質與人的故事的產品。

木曾檜木肥皂盒：大・小

以木塊架高的肥皂盒，總是可以乾乾淨淨地使用。可以感受到具有日本物品俐落與清涼感的優質商品。

W220×D110×H26mm（大）／日幣2800圓
W120×D85×H22mm（小）／日幣1500圓

木曾檜木淺盤

使用殺菌力與耐濕性高的無塗裝木曾檜木所做的淺盤。這是重視素材感所產生的設計。

W220 × D150 × H8mm ／日幣1500圓

木曾檜木杯墊

從檜木柔軟輕巧卻具備強度的特性所產生的杯墊，顯現出優質木材所具備的要素。

W105 × D105 × H8mm ／各日幣800圓

散發木材溫暖的麵包盤

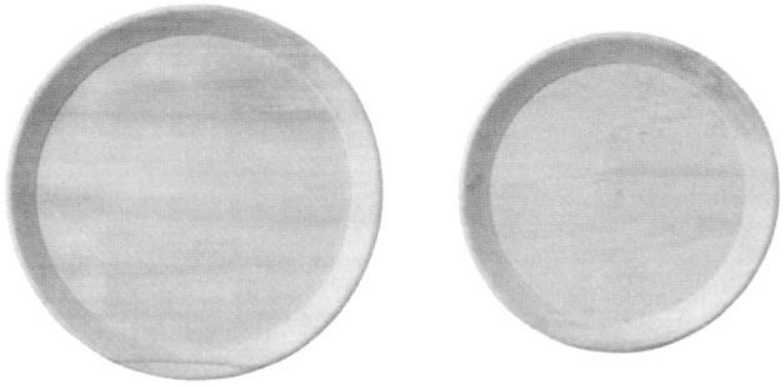

橡木麵包盤：大・小

從過去做家具和臼等所用的橡木做成的麵包盤，是由高岡庄內的木工職人一個一個做出來的。溫暖的樣貌，讓木材本身所具備的優點都顯露無遺。

大：Φ 210 × H20mm ／日幣2500圓
小：Φ 180 × H15mm ／日幣2000圓

與桐本木工所合作的商品

面紙盒：松型

這是刨物相當厲害的桐本木工所做的面紙盒。活用了木材原本具備的質地之美，是可以每天使用的工藝品。以松木為範本的開口設計，讓人感受到傳統工藝的技術。

W254 × D127 × H60mm ／日幣7000圓

※以上刊登商品價格均未含稅。

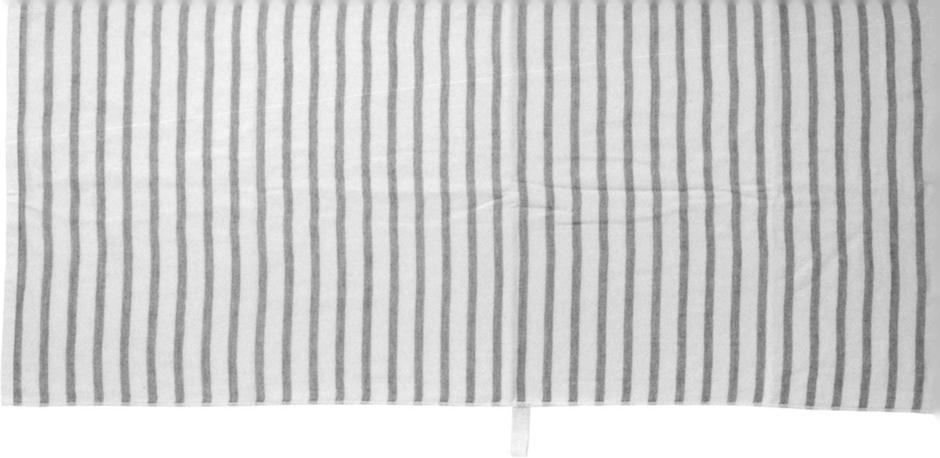

3. IMABARI

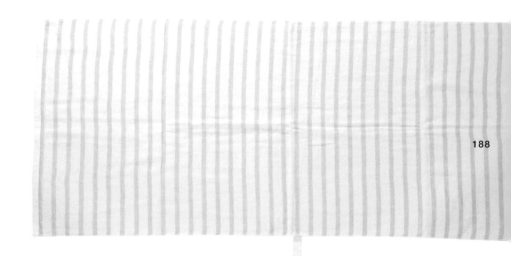

今治製作的原創毛巾

不用說也知道，這是在高品質的毛巾產地──愛媛縣今治市的毛巾工廠所製作的原創毛巾。條紋圖樣的毛巾系列，具有適合每天使用的親切感與清潔感。毛巾使用了紗布與絨布兩種素材，雙重質地交織出的輕薄布料，使其具備了溫柔的觸感與引以爲傲的高吸水性。今治毛巾特有的鬆軟觸感與速乾性，讓人可以長久乾淨地使用。這也是我們所抱持的，想要製作出清爽、有DO風格的毛巾而誕生出來的日用品。

具清涼感配色的條紋圖樣是不論男女都能使用的設計。接觸肌膚的舒適紗布材質與吸水性高的絨布質地，便於日常使用。

條紋迷你浴巾
藍、灰

吸水性高且易乾的特性，即使在潮濕的季節也能用得乾爽的素材感讓人覺得舒服。外觀上清爽的配色可讓人感覺舒適且好用的日用品。

W500×H1200mm／日幣2500圓

條紋洗臉巾
藍、灰

因為是每天要用的東西，喜歡才能用得長久。質感好、家族可以一起使用，容易接受的價格，很輕鬆就能準備許多備用，也是商品的魅力之一。

W340×H800mm／日幣1300圓

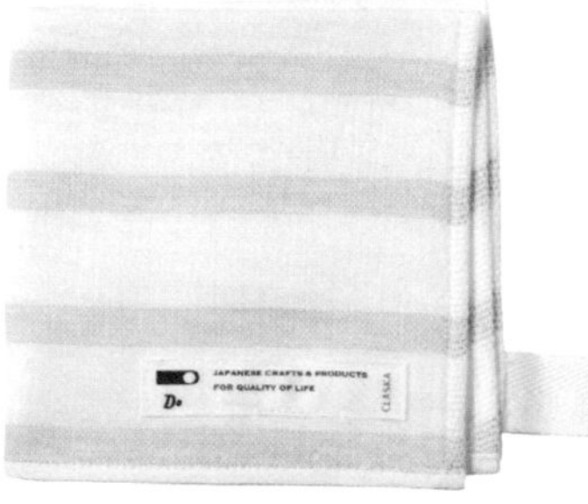

條紋擦手巾
藍、灰

隨身攜帶的毛巾手帕，薄的材質才不會堆積如山，也很方便攜帶。各種尺寸的毛巾都附有棉質緞帶掛繩。

W250×H250mm／日幣500圓

※以上刊登商品價格均未含稅。

田中帽子店做的草帽

令人懷念的樸素草帽，農作時也可以使用。DO特別訂製的草帽，是委請自古以來以做草帽聞名的埼玉縣春日部市的田中帽子店所製作的。使用了過去到現在符合日本人頭型的木模子，用舊型的裁縫機縫製而成的帽子，因爲是手工製作，洋溢著溫暖的手感。嬰兒尺寸的帽子拿來當作裝飾也很可愛。尺寸齊全，從新生兒到大人皆具，親子可以一起穿戴是多麼令人開心的事。

草帽：漁夫帽（大人用）

「漁夫帽」是DO的草帽中的標準款。微捲向內側變成圓邊、可遮陽的漁夫帽（帽緣）看起來既可愛又很優雅。

Φ約270×約150mm，
頭圍58~60cm／日幣6000圓

4. TANAKABOUSHI

草帽：寬緣帽（大人用）

以蝴蝶結綁著深型的帽冠與寬廣的帽緣是這款寬緣帽的特徵。最適合園藝工作或外出時使用。

Φ約300×約160mm，頭圍58~60cm／日幣6000圓

草帽：兒童帽

緞帶圈住帽冠的自然圓形，是小孩子用的可愛草帽。這是3歲左右的孩子使用的尺寸，比嬰兒用的帽緣略為寬廣。

Φ170（帽子部分）、Φ230（整體）×110mm，頭圍52cm／日幣4500圓

草帽：嬰兒帽

出生後到6個月左右的嬰兒用的新生兒尺寸草帽。小尺寸非常可愛，當作新生賀禮也很受歡迎。

Φ135（帽子部分）、Φ210（整體）×100mm，頭圍44cm／日幣4000圓
※出生後到6個月左右的嬰兒用尺寸

草帽：1歲幼兒帽

6個月到1歲半左右的幼兒用尺寸。帽子內裡不易悶熱，透氣性佳的草帽對防止中暑很有用。

Φ135（帽子部分）、Φ210（整體）×100mm，頭圍48cm／日幣4000圓
※出生後6個月到1歲半左右的幼兒用尺寸

※以上刊登商品價格均未含稅。

5. G&S DO

帆布托特包 G&S DO

可以肩背，也可以當作托特包使用的獨創人氣兩用包，重新改良LOGO後登場。純棉帆布製的包包不管什麼場合都適用。

W520 × D230 × H360mm、提把360mm、肩背帶730mm ／各色日幣3800圓

帆布托特包 G&S DO

這是DO的原創商品中，唯一秀出LOGO的商品。可以手提與肩背兩用，是騎腳踏車時也很好用的休閒包包。可說是簡單卻經典的設計，也具備了機能性與不挑用途的柔軟性。簡潔的LOGO設計與平常就很好用的尺寸，加上容易入手的價格使得這個包包也成了DO的人氣商品之一。

6. Sac

2

1

也有肩背款

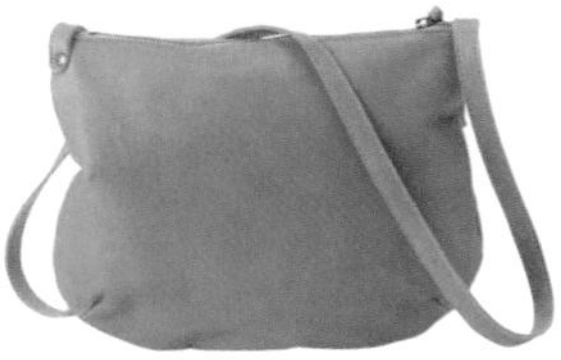

Pochette Hippo Caramel

Sac的新作是用柔軟的皮革製作的小包。包包的形狀與三角狀的部分像是河馬的臉，因此取名為 Hippo。

W290 × H220mm、肩背帶117cm／日幣1萬4000圓

1.Sac grand caramel
2.Sac noir

以鉻來鞣製，柔軟且高級的國產皮革，而且是東京的工廠一件一件手工製作的。包包裡附有小口袋，機能性良好。

1.W430 × D190 × H380mm、提把520mm／日幣2萬8000圓
2.W390 × D100 × H300mm、提把49cm／日幣1萬8000圓
※各款有黑色與褐色兩色

Sac系列

DO推薦的原創商品是這個皮革包包系列。是在東京的東區與埼玉縣八潮市的工廠所做的皮革包，在極小限度的簡約設計中，具備附有釦飾的內袋等重視簡便的高機能性。

這個系列包包的品質與價格非常合理，不論性別或年齡層，任何人不管是正式場合或休閒時都可以輕鬆使用，剛剛好的尺寸在日常中使用起來輕鬆愉快。

※以上刊登商品價格均未含稅。

7. ORIGINAL FURNITURE

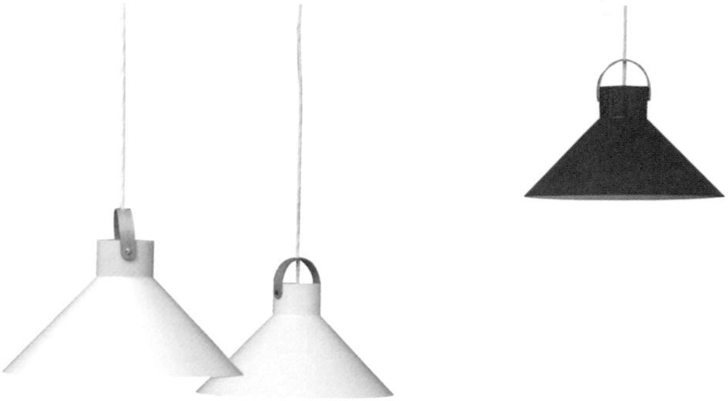

梯型掛架

使用檜木做的梯子型架子，可以掛衣服或是作為展示用，也可以當成室內裝潢的擺設。

W400 × D45 × H1800mm ／日幣1萬圓

工作室吊燈
黃色．白色．灰色

利用將鋁板彎成筒狀的職人技術所做出來的吊燈。簡約的質感成為室內裝潢的焦點。

Φ 330 × H230（燈罩）mm、從天花板到燈罩的垂吊繩長度1000mm
E26 100W燈泡，天花板垂吊式、天花板燈座（尺寸：Φ 6cm、H6cm）附繩長調節用掛鉤／各日幣1萬8000圓

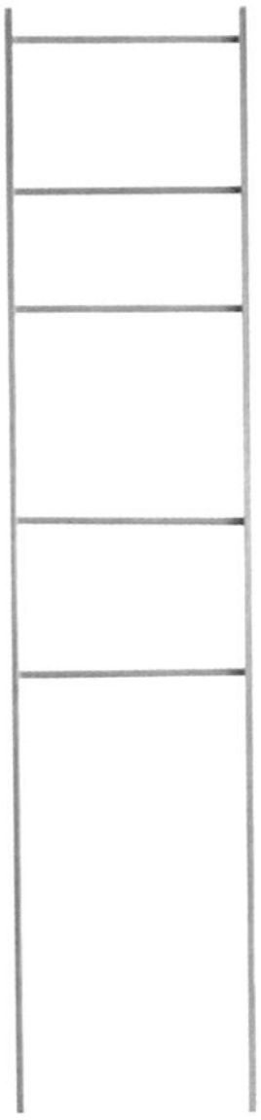

工作室衣架

簡單架構的木製衣架。使用方式自由，底部加裝棚板也很便利。作為看得見的收納使用，不管是什麼樣的場所都很適合。

W900 × D450 × H1600mm ／各日幣2萬8000圓

原創家具系列

這是在日常生活中很容易融入空間使用的原創家具系列。優質的素材與精良的製作，是可以作爲日常使用、具備機能性的產品。

包括了凸顯材質本身優點製作而成的梯型掛架，以及利用職人們的傳統技術做出來的工作吊燈等等，充滿了讓人可以感受到手工藝品講究細節的優點。不但是日本製造，容易入手的價格更讓人開心。

DO的東京伴手禮

講究素材、充滿令人開心的點子
具備玩心、設計性高的DO原創商品
當作造訪東京的伴手禮再好不過了。

飛航卡片

由藝術總監塚本哲也與文案創作者倉成英俊設計的紙飛機型明信片，以航空郵件的版本一起作為DO的原創商品推出。／日幣1000圓（3張入）

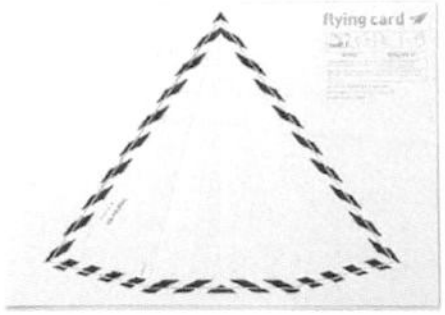

紙飛機型的獨特設計明信片，可以用特殊郵件的郵資來寄送。

東京擦手巾

將雷門、招財貓、炸蝦蓋飯、東京鐵塔等，人盡皆知的東京名物與東京知名景點畫成可愛的插圖，外觀也很有趣的擦手巾。多色印刷印出來的圖案有三種，當作伴手禮或是自用都很適合。

W900 × H330mm ／
各日幣1000圓

※以上刊登商品價格均未含稅。

SAPPORO HOKKAIDO

EXHIBITION & SHOP

DO的企畫展與商店

2008年開店以來，DO目黑本店作爲藝廊的角色之外，也進化成爲發送情報的場所。以獨特的觀點擷取「日本」之美，在與許多人一起提案的歷代企畫展中，此篇即將介紹總監大熊健郎所選出的主要企畫展。從這一場場的展覽中，從未被發掘的日本魅力將一一浮現。

綜合了各方建議而提出的，

為日常生活增添色彩的點子。

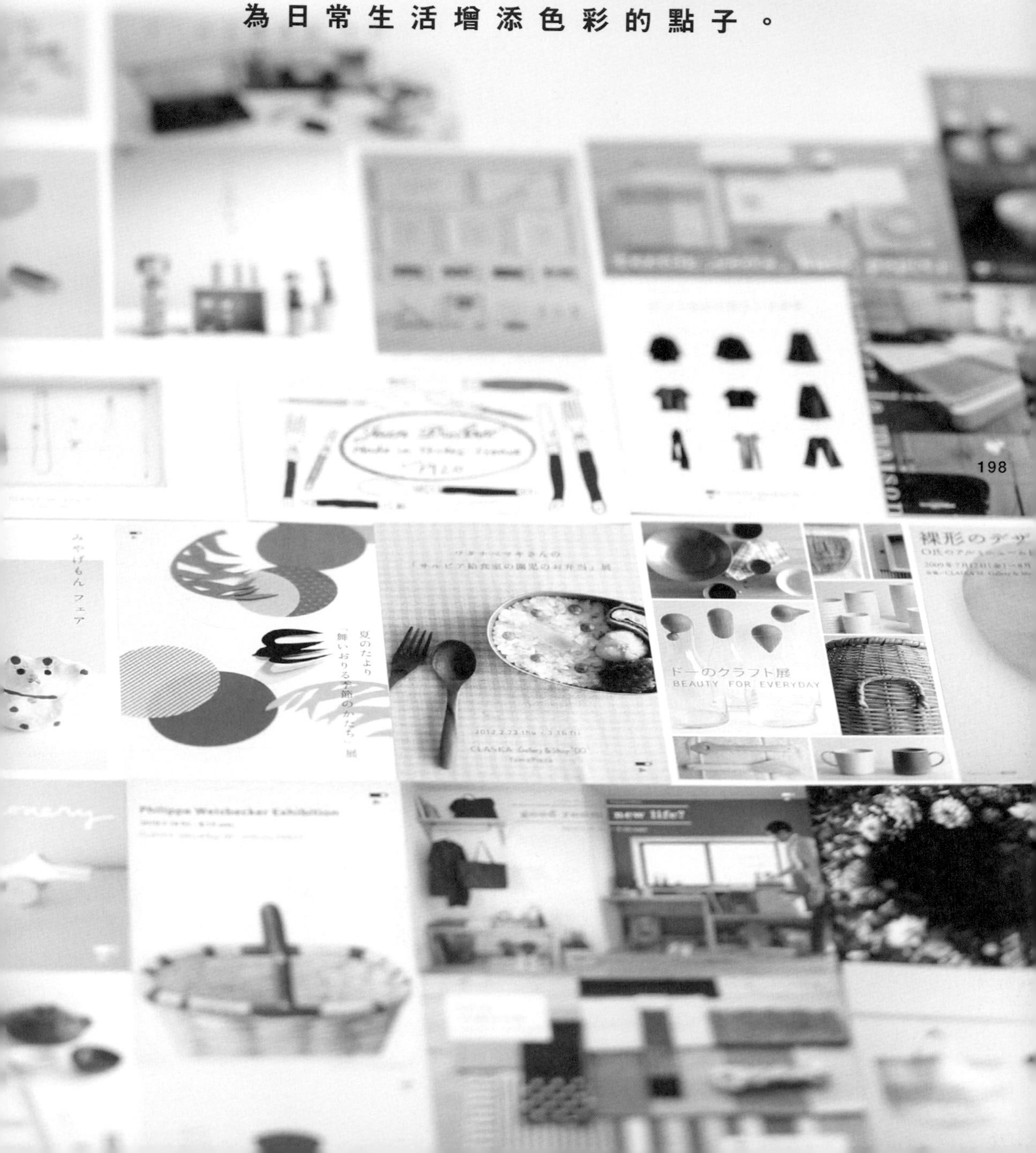

至今已舉行過

60 次以上的

企畫展。

2008年開店以來，CLASKA Gallery & Shop "DO"本店即盡了作為藝廊的功能。緊鄰賣場的藝廊空間，舉行了日本國內外許多創意者的企畫展。照片是企畫展舉行時寄給相關人士的歷代邀請卡中的一部分。

至今舉辦過的主要企畫展

總監大熊健郎從爲數眾多的企畫展中，選出象徵藝廊的企畫展來介紹。

1

第一回企畫展「47」
2008年3月29日～5月18日

以「當代日本」為主題開始的第一場企畫展，是以「靠我們自己再次重新發現日本」為主題所構成的展覽。工作人員在日本全國各地奔走，以DO的觀點選出一件代表47都道府縣各地生產的物品來展示。藉由這場展示，很多商品也成為了DO的固定選品。

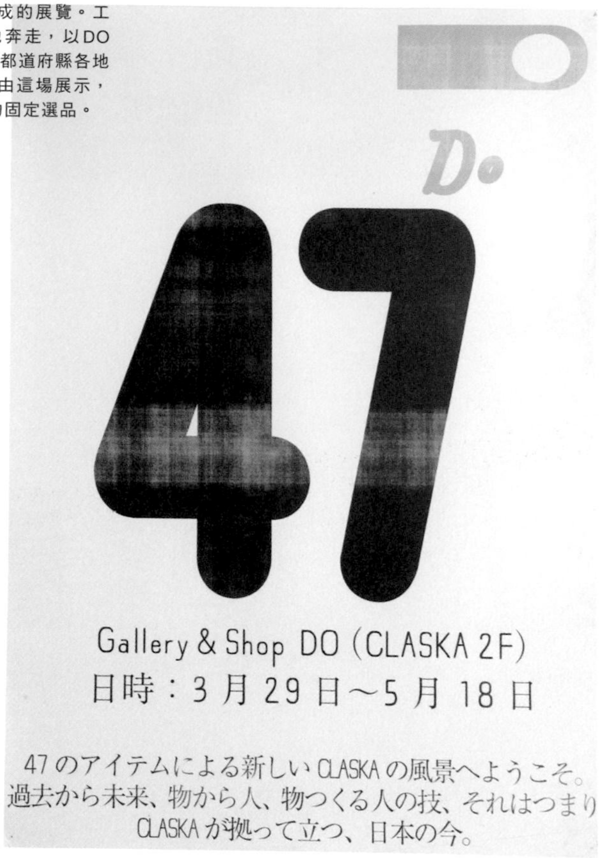

1

Gallery & Shop "DO"（CLASKA 2F）
日期：3月29日～5月18日

歡迎來到由47件物品所構成的新CLASKA的風景。
從過去到未來、從物品到人，製作物品者的技術，
也就是CLASKA據以成立的日本之今。

不只是商品的販賣，作爲發送資訊的場所也是DO發展的目標，2008年開店至今，平均一年舉辦十次的企畫展。企畫展和店鋪一樣以「日本」爲主題，不只是介紹日本的器物，DO也以獨特的觀點挑選出擷取自具有當代感的日本，做出只有我們才能夠實現的展示與關注的企畫。也有很多商品透過企畫展的機會成爲合作商品，請千萬不要錯過。

3

2

5

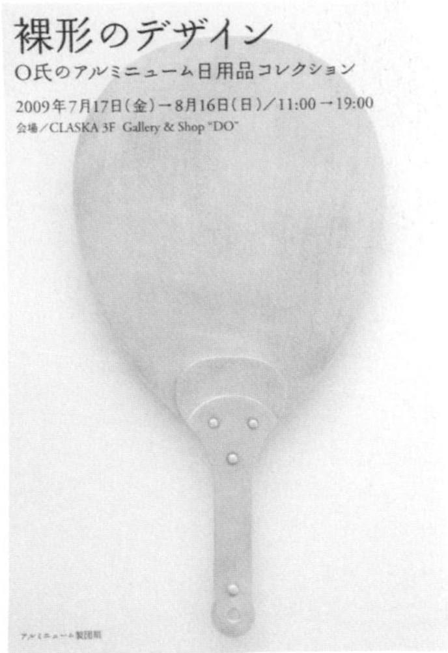

4

2

鴿子時鐘「澄敬一的工作」展
2008年8月7日～9月7日

與大熊總監交情深厚的澄敬一，過去也在東京的池尻大橋經營傳說中的店「push me pull you」，他的企畫展是展示用舊材料做成的時鐘、照明器物與立體作品。「用老東西創造新物品」的感性，以及具有溫暖柔和印象的作品，讓許多人著迷。

3

DO與岡尾美代子思考的
「竹皮編織展」
2009年5月16日～6月30日

某天，偶然到DO來玩的造型師岡尾美代子，她對店內展示的、由傳統工藝家前島美江所做的「竹皮編織」很有興趣，而以此為契機實現了這場企畫展。岡尾美代子以自己的風格介紹包括日本生產的物品和洋溢外國氣氛的竹皮編織的世界。

5

POSTALCO UP UNTIL NOW
「POSTALCO的腦袋裡」展
2009年8月24日～9月23日

這是開店當初選品的POSTALCO企畫展。雖然知道設計師麥可在完成商品之前會反覆經歷各種的試驗與錯誤（或說是實驗），在這場企畫展中，由麥可發表實驗和研究的內容，包括成為品牌誕生契機的「信封」，以及商品完成之前的過程，構成了這場展覽的內容。

4

裸形的設計
O氏的鋁製日用品收藏展
2009年7月17日～8月16日

大戰後，日本曾有段日用品大量使用鋁製的時期。不只是特定設計師所做的物品，特別是有很多是普通的郊區工廠所生產的日用品。被定位在產品與工藝品之間的這些用品，在生長於現代的我們眼裡，竟是那麼美麗而新奇。這是一場與這樣的鋁製日用品一起相遇的劃時代企畫展。

7

6

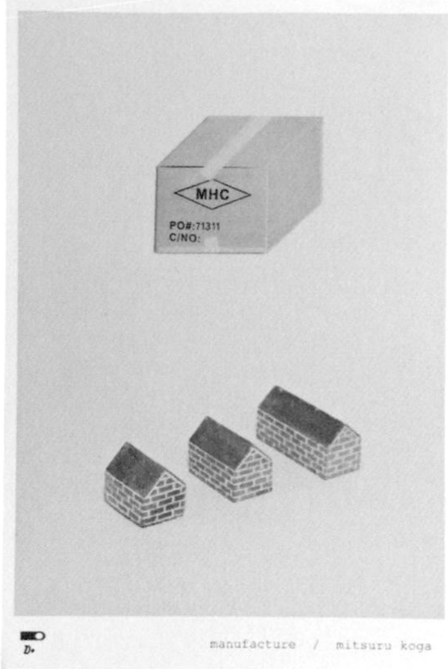

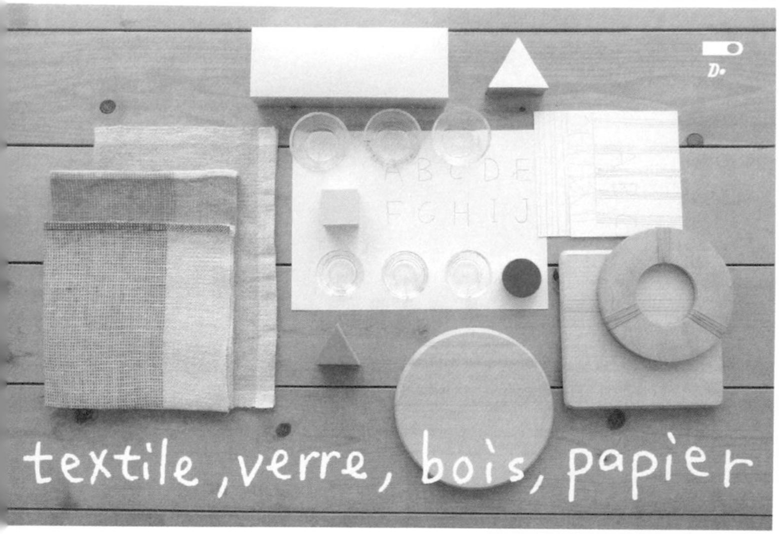

10

9

9

大橋步的銅版畫
「村上收音機 1・2・3」插畫展
2013年1月26日～2月11日

為了在雜誌《anan》連載的村上春樹散文專欄「村上收音機」所做的插畫，將209幅銅版畫同時展出的版畫展。這裡是紀念連載集結出版的全國巡迴展的最後一場展覽，所以也進行版畫的販售。邀請書籍的裝幀設計葛西薰一起對談也大受好評。

8

皆川明　三谷龍二　中村好文
來自旅行的贈禮～東歐篇～
2012年12月7日～12月16日

這是來自minä perhonen的設計師皆川明與木工設計師三谷龍二、建築家中村好文，活躍在不同領域的三人的企畫展。三人一起造訪東歐所發現的老玩具、紡織品、用過的物品等，就像是「來自旅行的贈禮」，以宛如跳蚤市場般的形式展示販售。

7

奈良　胡桃木展 vol.2
「從唯一的一個杯子開始……」
2011年4月28日～5月29日

這是介紹奈良的生活雜貨選品人氣店「胡桃木」的商品與食材等的企畫展。雖然是DO的同業，但大熊健郎以自己的想法實現了「想要將影響自己的前輩所開的店的魅力和DO連結，傳達給更多的人」。這次也將展示販售的商品所得捐給災區。

6

古賀充展 manufacture
2011年3月4日～3月21日

用石頭、植物等自然的造型物創作，而為人所知的造型創作者古賀充的企畫展。一般他使用的素材可說是正反相對，展示使用紙箱和磚瓦這種工業素材的作品。看慣的工業素材在古賀的工藝品創作之下，變成了嶄新的物品。因為這場企畫展也誕生了「扁紙箱」（見164頁）。

新店鋪開張的訊息上有著
菲利浦‧威茲貝克的插畫

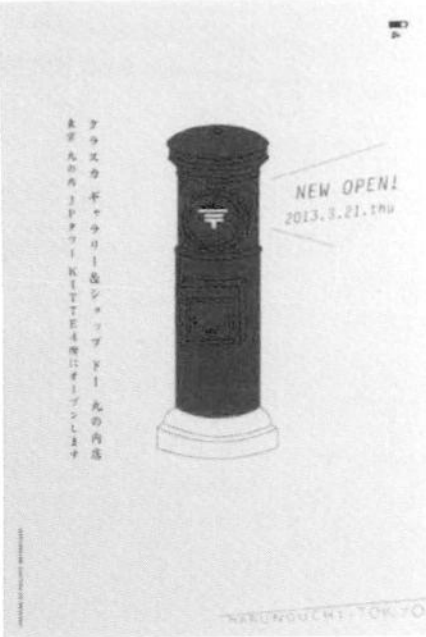

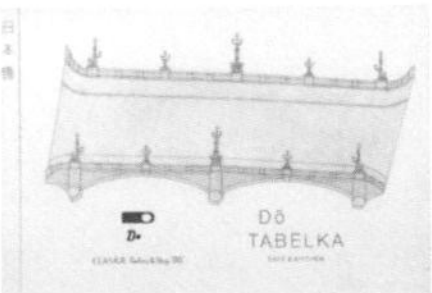

札幌店、丸之內店、日本橋店等新店鋪開幕時，請菲利浦‧威茲貝克所畫的作品。他的插畫現在已經是DO的商標了。

8

11

11

第三次 土產展
2013年9月14日～10月14日

在雜誌《BRUTUS》連載的專欄「土產」中介紹的，日本各地的鄉土玩具與幸運物收集在一起的企畫展，這是第三次舉辦的人氣企畫。日本各地現在仍流傳、從傳統技術中誕生的原始造型美，充滿了未知的新鮮魅力。除了展示品以外，也有販賣攤位，每次都大受歡迎。

10

一丁目堀井事務所×Gallery & Shop DO
「玻璃、紡織品、紙、木……組合使用的桌上用品」展
2013年4月27日～5月26日

這是第四次與堀井和子舉辦企畫展。每次DO的工作人員都與堀井和子一起決定主題，然後成為堀井和子發表手作的場所。這次是以「顏色與形狀」為主題，將不同素材組合在一起，享受用小物陳列餐桌四周的樂趣。

CLASKA Gallery & Shop "DO" SHOP LIST

除了東京都目黑區的本店，在都內各地也都設有店面。2014年3月，DO第一家附設餐飲的日本橋店也開幕了。

CLASKA Gallery & Shop "DO"
本店

地址：東京都目黑區中央町1-3-18
CLASKA 2F
電話：03-3719-8124
營業時間：11:00~19:00
網路商店：www.claskashop.com

CLASKA Gallery & Shop "DO"
涉谷HIKARI ShinQs店

地址：東京都涉谷區涉谷2-21-1
涉谷HIKARI ShinQs 4F
電話：03-6434-1663
營業時間：10:00~21:00

CLASKA Gallery & Shop "DO"
丸之內店

地址：東京都千代田區丸之內2-7-2
KITTE 4F
電話：03-6256-0835
營業時間：11:00~21:00（週日・國定假日到22:00）

CLASKA Gallery & Shop "DO"
TAMA-PLAZA店

地址：神奈川縣橫濱市青葉區美之丘1-7
東急百貨店TAMA-PLAZA 2F
電話：045-903-2082
營業時間：10:00~20:00

CLASKA Gallery & Shop "DO"
涉谷PARCO店

地址：東京都涉谷區宇田川町15-1
PARCO PART-1 B1F
電話：03-5456-2833
營業時間：10:00~21:00

CLASKA Gallery & Shop "DO"
札幌店

地址：北海道札幌市中央區北5条西2丁目札幌
STELLAR PLACE 東3F
電話：011-209-5255
營業時間：10:00~21:00

CLASKA Gallery & Shop "DO"
大阪店

地址：大阪府大阪市北區梅田3-1-3
JR大阪三越伊勢丹 3F
電話：06-6485-7585
營業時間：10:00~20:00

New Open

CLASKA Gallery & Shop“DO”日本橋店

2014年3月20日開幕的日本橋店，是DO第一家附設餐飲的店鋪。
可以用五感來體驗DO的世界觀。

從出自日本古老而優良的手工製作的日用品和器皿等生活雜貨，到包包、服裝等服飾商品。收集了以獨特觀點挑選的各種商品的生活用品店，DO在日本橋新開幕了。超越目黑本店的規模，占地八十坪的東京都內最大規模店舖，DO的新嘗試是附設供應咖啡與餐點的「DO TABELKA」餐廳。DO透過料理和器皿，提出對「食」的想法，以及「度過用餐時光的方法」。

希望大家能夠到日本橋尋找讓現在的生活更有質感、更舒適的商品。

以清爽的暖簾迎客的「DO TABELKA」店頭。設置了DO原創的燈具、Maruni木工製椅子的舒適空間。

DO的第一家餐飲店DO TABELKA的料理

提供吃了身體會感到愉悅的料理。
可以享受費工夫仔細製作的料理和點心的奢侈空間。

想要稍微奢侈一下時
TABELKA全餐

晚餐時間與例假日的午餐提供一湯八菜，份量十足的套餐。照片中的套餐另外附飯與湯。

一湯三菜「TABELKA定食」

這是提出「每天都想吃、每天都能吃、身體會喜歡的定食」的DO TABELKA的招牌菜單。以植物性的食材所做飽足度高的主菜，加上兩道副菜、沙拉、湯和醬菜。午餐時間也可以單點。男性也能吃得很滿足。是口感充足的定食。

料理家尾崎史江監製

由公認即使是以蔬菜與乾貨為主，也能做出吃得很飽、很滿足的料理的尾崎史江監製。她以活用蔬菜本身的美味來烹煮的料理而受到注目。

使用紅豆餡的甜點

店內現場熬煮的紅豆餡做成的獨創菜單「紅豆甜點」。有「大納言紅豆湯」(上)「白湯圓的白色紅豆湯」(下)(附茶與醬菜)。

日本橋也有獨家商品

日本橋擦手巾

印有與筆記本相同插畫的擦手巾。可不引人注目地放在包包裡。
日幣1000圓，稅另計

日本橋筆記本

印有菲利浦．威茲貝克所畫的日本橋插圖的筆記本。
日幣500圓，稅另計

DO TABELKA午餐托特包

放便當剛剛好的托特包，上面有「DO TABELKA」的商標。
日幣1200圓，稅另計

Shop data

地址：東京都中央區日本橋室町1-5-5COREDO室町3 2F
電話：
03-6262-3270(商店)
03-6262-3271(餐廳)
營業時間：
10:00~21:00(商店)
11:00~21:00(餐廳，點餐只到20:30)

美的日用品
現在就想使用的日本好東西

CLASKA Galler&Shop"DO" 選品

作者　大熊健郎等
譯者　王筱玲（P62-96、P134-208）、郭台晏（P2-61、P97-133）
設計　CAGN
特約編輯　張雅慧
責任編輯　林明月
發行人　江明玉
出版、發行　大鴻藝術股份有限公司 合作社出版
地址｜台北市103大同區鄭州路87號11樓之2
電話｜（02）2559-0510　傳真｜（02）2559-0502
電郵｜hcspress@gmail.com
總經銷　高寶書版集團
地址｜台北市114內湖區洲子街88號3F
電話｜（02）2799-2788　傳真｜（02）2799-0909

日方工作人員
總編輯　高橋俊宏（Discover Japan 編集長）
編輯　落合眞林子（Discover Japan 編集部）
設計　ピークス株式会社
攝影　永禮賢（P4-13、P16-95、P98-139）
野口祐一（P144-171、P174-195、P198-203、P206-207）
插畫　菲利浦·威兹貝克（Philippe Weisbecker）
文　大熊健郎（P16-95、P144-171）
衣奈彩子（P98-139）
加藤孝司（P174-195）
落合眞林子

2016年5月初版　定價400元
ISBN 978-986-91861-8-6

いま使いたい、ニッポンのいいもの

國家圖書館出版品預行編目（CIP）資料
美的日用品──現在就想使用的日本好東西：CLASKA Gallery & Shop「DO」選品 / 大熊健郎等 著；郭台晏，王筱玲譯. -- 初版. -- 臺北市： 大鴻藝術合作社出版，2016.03
208面；17×21公分
ISBN 978-986-91861-8-6（平裝）
1.百貨商店 2.商品 3.日本
489.8　105003826